Szymon Pałkowski

# Statik der Seilkonstruktionen

Theorie und Zahlenbeispiele

Mit 74 Abbildungen

Springer-Verlag Berlin Heidelberg New York
London Paris Tokyo Hong Kong 1990

Dr.-Ing. habil. Szymon Pałkowski

Wyższa Szkoła Inżynierska, Koszalin
(Ingenieurhochschule, Köslin/Polen)

CIP-Kurztitelaufnahme der Deutschen Bibliothek
Pałkowski, Szymon: Statik der Seilkonstruktionen: Theorie und Zahlenbeispiele / Szymon Pałkowski. – Berlin;
Heidelberg; New York; London; Paris; Tokyo; Hong Kong: Springer, 1989
ISBN 978-3-540-51125-0     ISBN 978-3-642-52319-9 (eBook)
DOI 10.1007/978-3-642-52319-9



Die Wiedergabe von Gebrauchsnamen, Handelsnamen, Warenbezeichnungen usw. in diesem Buch berechtigt auch ohne besondere Kennzeichnung nicht zu der Annahme, daß solche Namen im Sinne der Warenzeichen- und Markenschutz-Gesetzgebung als frei zu betrachten wären und daher von jedermann benutzt werden dürften.

Sollte in diesem Werk direkt oder indirekt auf Gesetze, Vorschriften oder Richtlinien (z. B. DIN, VDI, VDE) Bezug genommen oder aus ihnen zitiert worden sein, so kann der Verlag keine Gewähr für Richtigkeit, Vollständigkeit oder Aktualität übernehmen. Es empfiehlt sich, gegebenenfalls für die eigenen Arbeiten die vollständigen Vorschriften oder Richtlinien in der jeweils gültigen Fassung hinzuzuziehen.

Satz: Mit einem System der Springer Produktions-Gesellschaft
Datenkonvertierung: Brühlsche Universitätsdruckerei, Gießen

Bindearbeiten: Lüderitz & Bauer, Berlin
2362/3020-543210 – bedruckt auf säurefreiem Papier

# Vorwort

Dieses Buch behandelt die theoretischen Grundlagen der statischen Analyse von Seilkonstruktionen. Es werden sowohl einzelne Seile als auch ebene und räumliche Seilsysteme betrachtet.

Das erste Kapitel vermittelt eine allgemeine Charakteristik und eine Übersicht über die Eigenschaften der Seilkonstruktionen. Das zweite Kapitel führt in die Berechnung der einzelnen Seile ein. Die hier vorgestellten Lösungen gestatten es, die Seilkraft unter Wirkung der verschiedenen Lastzustände zu ermitteln. Im dritten Kapitel des Buches werden die einfacheren Methoden der Berechnung von ebenen Seilsystemen besprochen. Das vierte Kapitel berücksichtigt die Problematik der statischen Berechnung von räumlichen Seilkonstruktionen, darunter auch von Flächenseilnetzen.

Außer den exakten Lösungen werden im Buch viele Näherungsmethoden der Berechnung vorgestellt, die für die meisten Fälle der Praxis ausreichend sind. Jedes Kapitel enthält die entsprechenden Zahlenbeispiele, die das Verständnis der besprochenen Thematik erleichtern.

Der Verfasser hofft, daß das vorliegende Buch insbesondere für die im Beruf stehenden Bauingenieure nützlich sein wird. Es kann auch den Studenten des Bauingenieurwesens von Fachhochschulen und von Technischen Universitäten zur Einführung in die Problematik der statischen Berechnung von Seilkonstruktionen dienen.

Koszalin, im September 1989          Sz. Pałkowski

# Inhaltsverzeichnis

# Verzeichnis der Formelbuchstaben

*Matrizen/Vektoren*

| | |
|---|---|
| $k$ | Steifigkeitsmatrix des Elements |
| $k_E$ | elastische Steifigkeitsmatrix des Elements |
| $k_G$ | geometrische Steifigkeitsmatrix des Elements |
| $K$ | Gesamtsteifigkeitsmatrix der Seilkonstruktion |
| $L$ | Transformationsmatrix |
| $R$ | Belastungsvektor |
| $\Delta$ | Knotenverschiebungsvektor |

*Lateinische Buchstaben*

| | |
|---|---|
| $a, b, c$ | Faktoren der Seilgleichung |
| $f$ | maximaler Durchhang des Seiles |
| $f/l$ | bezogener Durchhang |
| $g$ | Eigengewicht des Seiles |
| $h$ | Spannweite des Seiles bei horizontaler Belastung |
| $\Delta h$ | Gegengewichtshub |
| $k$ | Federsteifigkeit |
| $l$ | Spannweite des Seiles/Länge des Elements der Seilkontruktion |
| $l_s$ | Länge der Seilsehne |
| $\Delta l$ | Verlängerung (Verkürzung) des Seiles längs der Seilsehne |
| $m, n, p, q$ | Faktoren der Elementsteifigkeitsmatrix |
| $p$ | Streckenlast im Belastungszustand des Seilbinders |
| $p'$ | Streckenlast im Vorspannungszustand des Seilbinders |
| $q$ | gleichmäßige Belastung |
| $q(x)$ | vertikale Belastung |
| $q(y)$ | horizontale Belastung |
| $q_z(t)$ | zur Seilebene senkrechte Belastung |
| $q'(t)$ | zur Seilsehne senkrechte Belastung |
| $s$ | Seillänge im Endzustand |
| $s_o$ | Seillänge im Ausgangszustand |
| $\Delta s$ | elastische Verlängerung (Verkürzung) des Seiles |
| $\Delta st$ | Verlängerung (Verkürzung) des Seiles infolge Temperaturänderung |
| $\Delta t$ | Temperaturänderung |
| $u/l_s$ | bezogener Durchhang des Seiles |
| $u, v, w$ | Knotenverschiebungen |
| $v, t$ | Koordinatensystem des Seiles |

| | |
|---|---|
| $x, y, z$ | gemeinsames Koordinatensystem |
| $x', y', z'$ | lokales Koordinatensystem |
| | |
| $A$ | Seilquerschnitt/Querschnitt des Elements der Seilkonstruktion |
| $D$ | Determinantewert der Gesamtsteifigkeitsmatrix |
| $E$ | Elastizitätsmodul |
| $EA$ | Dehnsteifigkeit des Seiles/Dehnsteifigkiet des Elements der Seilkonstruktion |
| $EI$ | Biegesteifigkeit des Elements |
| $G$ | Gegengewicht des Seiles |
| $GA_s$ | Schubsteifigkeit des Elements |
| $GI_x$ | Torsionsteifigkeit des Elements |
| $H$ | horizontale Komponente der Seilkraft |
| $H_A, H_B$ | horizontale Auflagerkräfte |
| $M$ | Gleichung der gedachten Momentenlinie |
| $N$ | Druckkraft im Element |
| $P$ | Einzellast |
| $Q$ | Gleichung der gedachten Querkraftlinie |
| $R_A, R_B$ | vertikale Auflagerkräfte |
| $R_m$ | maximale Zugfestigkeit des Seiles |
| $S$ | Seilkraft in Richtung der Seilsehne/Zugkraft im Element des Seilnetzes |
| max $S$ | maximale Zugkraft im Seil |
| $S/l$ | geometrische Steifigkeit des Elements |
| $V_A, V_B$ | Auflagerkräfte bei Belastung $q_z(t)$ |

## Griechische Buchstaben

| | |
|---|---|
| $\alpha$ | Neigungswinkel der Seilsehne zur Horizontalebene |
| $\alpha, \beta, \gamma$ | Richtungskosinusse des Elements |
| $\alpha_t$ | Temperaturausdehnungskoeffizient |
| $\varepsilon$ | Seildehnung |
| $\eta$ | Drehwinkel des Randträgerelements |
| $\mu$ | Koeffizient der Schubsteifigkeit |
| $\omega$ | Neigungswinkel des Randträgers zur Horizontalebene |

# 1 Allgemeine Einführung in die Seilkonstruktionen

## 1.1 Charakteristik

Durch Seilkonstruktionen können moderne Ingenieurkonstruktionen oft wirtschaftlicher errichtet werden. Hierzu tragen ihre vielen spezifischen Vorteile bei, wie z.B.:
- große architektonische Gestaltungsfreiheit,
- geringes Eigengewicht der Konstruktion einerseits bedingt durch die hohe Festigkeit der Seile, andererseits dadurch, daß Zugkräfte nur im Seilquerschnitt auftreten,
- die Möglichkeit, Baukonstruktionen mit großen und sehr großen Flächen und Spannweiten zu errichten,
- verhältnismäßig billige und einfache Konstruktionsmontage, sehr oft ohne komplizierte Baugerüste.

Im Zusammenhang mit den genannten Vorteilen sind die Seilkonstruktionen fast ohne Konkurrenz bei der Projektierung von Bauobjekten mit großen Flächen und Spannweiten. Sie finden Anwendung für die Überdachung von Sport- und Ausstellungshallen (Hängedächer), für Hängebrücken, abgespannte Masten, Drahtseilbahnen u.a.m.

Zu den größten Seilkonstruktionen gehören:
- Überdachung eines Stadions mit einem Durchmesser von 366 m für 100 000 Zuschauer (USA),
- Hängebrücke mit einer Feldspannweite von 1 780 m (Japan),
- abgespannter Mast mit einer Höhe von 646 m (Polen).

Außer den obengenannten Vorteilen weisen Seilkonstruktionen auch einige Nachteile auf. Die Grundschwierigkeit besteht in der Übertragung der Kräfte auf die Fundamente. Fast immer tritt hier eine ungünstige Belastung der Fundamente auf (ausziehende Kräfte). Darüber hinaus bestehen einige Probleme bei der Ausführung der Seilkonstruktionen. Das betrifft beispielsweise die Verankerung der Seile und die Realisierung des berechneten Vorspannungszustands.

Schließlich bereiten die statischen Berechnungen von Seilkonstruktionen ebenfalls einige Schwierigkeiten, weil diese sich wesentlich von den typischen Stabkonstruktionen unterscheiden.

## 1.2 Klassifizierung

Die in der Praxis vorkommenden Seilkonstruktionen kann man in drei Hauptgruppen einteilen:
- die aus einzelnen Seilen zusammengesetzten Konstruktionen (Bild 1.1a),
- ebene, vorgespannte Seilkonstruktionen (Bild 1.1b)
- räumliche, vorgespannte Seilkonstruktionen (Bild 1.1c).

Die aus einzelnen Seilen zusammengesetzten Seilkonstruktionen gehören zu den einfachsten. Sie bestehen aus einer Reihe von Tragseilen, die entweder parallel oder radial angeordnet werden. Auf die Tragseile kommt in der Regel eine Überdeckung. Um der Windbelastung entgegenzuwirken, muß die Überdeckung hier eine verhältnismäßig große Last darstellen. Das beeinträchtigt umgekehrt die positiven Eigenschaften dieser Art von Seilkonstruktionen.

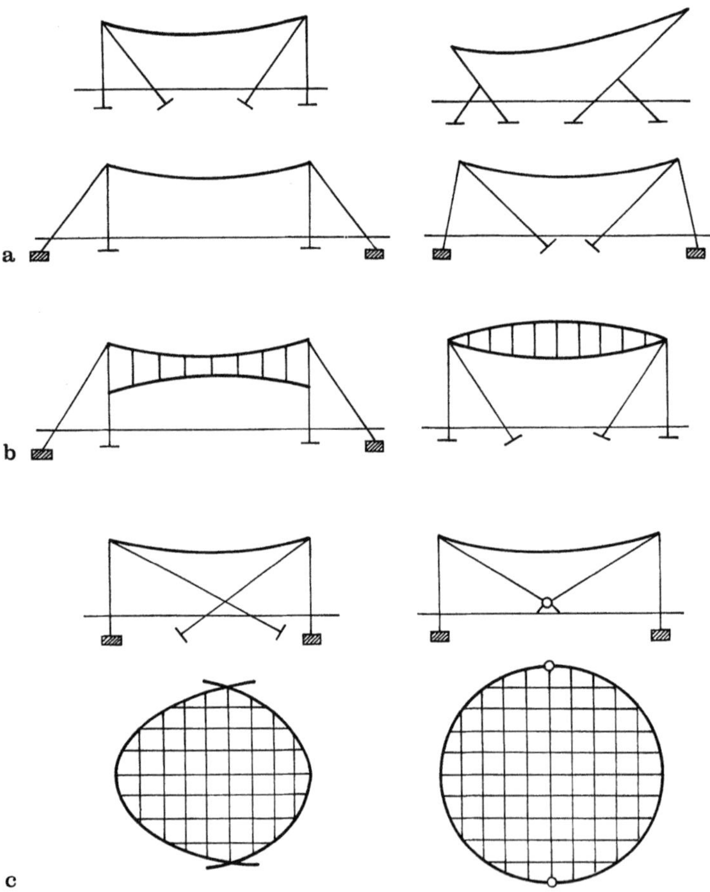

**Bild 1.1a—c.** Einige Arten von Seilkonstruktionen. **a** aus den einzelnen Tragseilen zusammengesetzte Seilkonstruktionen; **b** ebene Seilbinder; **c** Flächenseilnetze

Die großen geometrischen Verformungen des einzelnen Tragseiles kann man durch die Anwendung eines zusätzlichen Seiles (eines Spannseiles) begrenzen. Auf diese Weise entsteht ein ebener Seilbinder (Seilbinder von Jawerth, Bild 1.1b). Die vorgespannten ebenen Seilbinder haben, verglichen mit den einzelnen Seilen, viel günstigere Eigenschaften. Die Vorspannung begrenzt hier wesentlich die durch die ungleichmäßigen Belastungen hervorgerufenen Verschiebungen des Seilbinders. Infolge der größeren Schwingungsdämpfung verbessert sich außerdem das dynamische Verhalten der Konstruktion. Die Anwendung der Seilbinder von Jawerth ermöglicht die Verwendung einer sehr leichten Dachhaut.

Eine sehr interessante Art der Seilkonstruktionen bilden die räumlichen, vorgespannten Seilnetze (Bild 1.1c). Sie haben fast immer eine hyperbolisch-parabolische Form und bestehen aus Trag- und Spannseilen. Beide Arten von Seilen werden in einem Randträger verankert. Um die Biegemomente im Randträger zu beschränken, verwendet man hier oft vertikale oder schräge Abspannseile. Seilnetze finden Anwendung vor allem bei der Projektierung verschiedener Überdachungen als sogenannte Hängedächer.

## 1.3 Kinematische und elastische Eigenschaften

Seilkonstruktionen zeichnen sich bekanntlich durch große Verformungen aus. Diese entstehen sowohl infolge der Seildehnung als auch infolge der kinematischen Geometrieänderung des Seiles. Beide Arten der Seilverformung sind in Bild 1.2 dargestellt. Die erste Art (Bild 1.2a) entspricht der quantitativen Belastungsänderung und ist mit der Seildehnung verbunden. Die zweite Art (Bild 1.2b) entspricht dagegen der Änderung der Belastungsart und ist vor allem mit der kinematischen Geometrieänderung verbunden. Je größer die Seilkraft $H_0$, desto

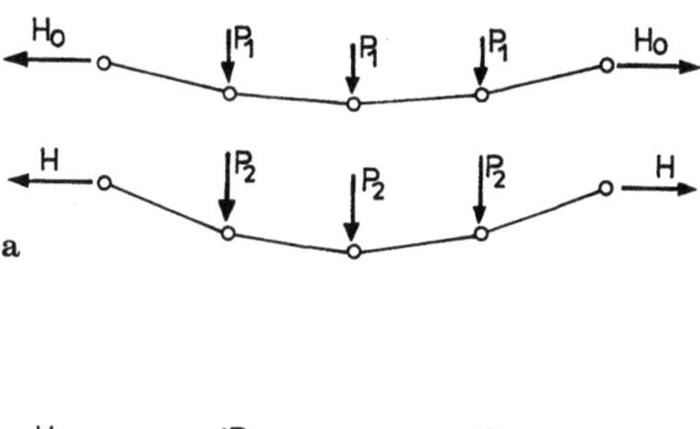

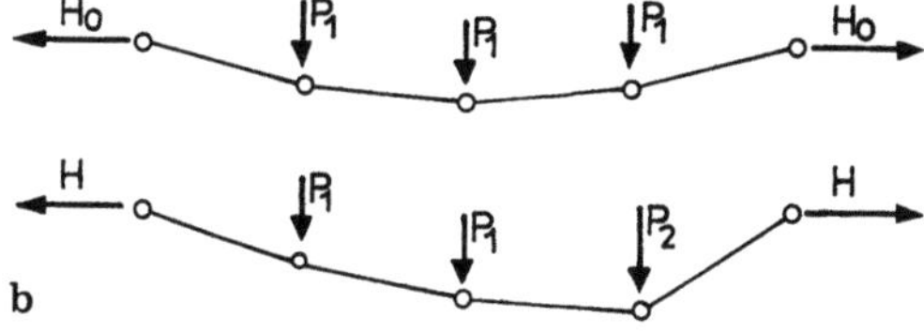

**Bild 1.2a – b.** Seilverformungsarten. **a** elastische Verformung; **b** geometrische Verformung

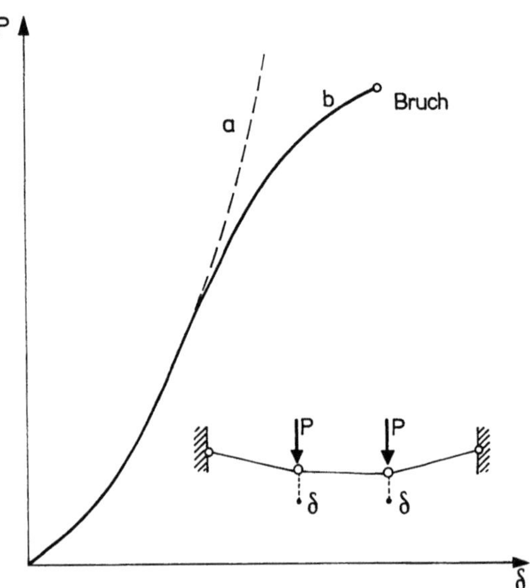


**Bild 1.3.** Für ein Seil typische Beziehung Belastung ($P$)-Verschiebung ($\delta$)

kleiner ist die kinematische Verformung des Seiles infolge der zusätzlichen
Belastung.

Es ist noch zu bemerken, daß Seilkonstruktionen eine sogenannte geometrische und physikalische Nichtlinearität aufweisen. Die Verschiebungen wachsen
mit dem Anstieg der Belastung nicht im gleichen Verhältnis. Die für ein Seil
typische Beziehung Belastung-Verschiebung ist in Bild 1.3 dargestellt. Die Kurve $a$
entspricht der nichtlinearen elastischen Lösung ($E = \text{const}$), die Kurve $b$ der
nichtlinearen nichtelastischen Lösung ($E \neq \text{const}$). Die Kurve $a$ berücksichtigt
also nur die geometrische Nichtlinearität des Seiles, während die Kurve $b$
zusätzlich auch seine physikalische Nichtlinearität berücksichtigt.

Die in der Baupraxis angewandten Methoden zur Berechnung von Seilkonstruktionen basieren vorwiegend auf der vereinfachenden Voraussetzung, daß der
Elastizitätsmodul $E$ des Seiles konstant ist. Das ist durchaus zulässig, verlangt
jedoch eine richtige Abschätzung des Wertes von $E$. Dieses Problem wird näher in
Abschn. 1.4 erläutert.


## 1.4 Mechanische Eigenschaften von Seilen

Die für ein Seil typische Spannungs-Dehnungs-Kurve ist in Bild 1.4 dargestellt. In
Anlehnung an diese Kurve kann man folgern:
—  Beim Erreichen der maximalen Zugfestigkeit ($R_\text{m}$) weist das neue
   (ungebrauchte) Seil eine sehr große Dehnung auf. Diese ist in der Regel viel
   größer als für einen einzelnen Draht.
—  Auf der Kurve befindet sich kein geradliniger Abschnitt. Das bedeutet
   erstens, daß das Seil während der ersten Belastung keinen konstanten

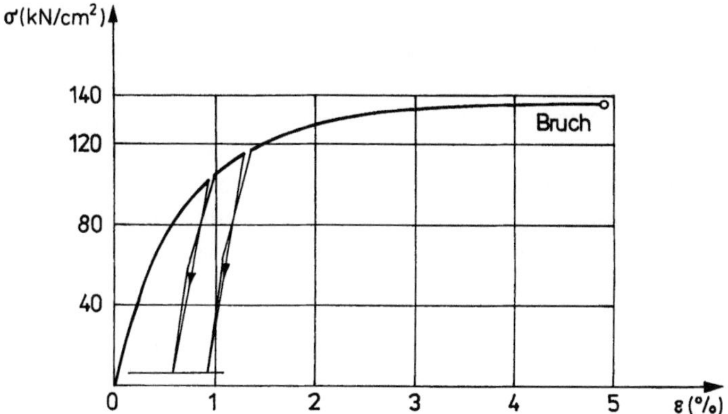

**Bild 1.4.** Beziehung $\sigma - \varepsilon$ für ein Seil

Elastizitätsmodul besitzt, und zweitens, daß es auch keine natürliche Streckgrenze aufweist.

—   Nach der Entlastung des Seiles bleibt eine verhältnismäßig große Formänderung zurück. Je größer die Belastung war, desto größer ist auch die bleibende Formänderung.

—   Bei der wiederholten Belastung des Seiles ist die Beziehung Spannung—Dehnung bis zum Erreichen der anfänglichen Belastung praktisch linear. In diesem Bereich ist daher der Elastizitätsmodul konstant.

Aufgrund der oben vorgestellten Betrachtungen kann man zu dem Schluß kommen, daß der Elastizitätsmodul $E$ des Seiles nach dessen Belastung ermittelt werden sollte. Zum Beispiel verlangt die Norm [1] zur Ermittlung des Elastizitätsmoduls eines Seiles dessen ursprüngliche Belastung bis auf 40 % seiner Zugfestigkeit. Der Wert des Elastizitätsmoduls liegt, je nach der Art der Stahlseile, nach dieser Belastung zwischen 12 000 und 16 500 kN/cm² (für einen einzelnen Draht mit $E \approx 20\,000$ kN/cm²).

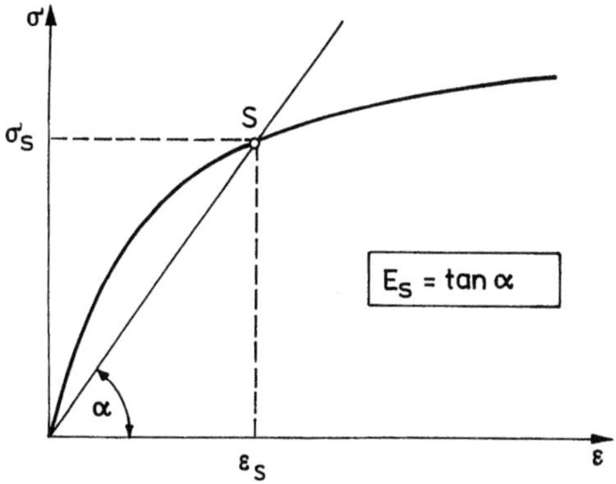

**Bild 1.5.** Bestimmung des sekanten Elastizitätsmoduls $E_s$

Es ist jedoch oft schwierig, die angegebenen Werte des Elastizitätsmoduls von Seilen in der Baupraxis zu verwenden. Oft ist es nämlich unmöglich, alle Seile vor der Montage der Konstruktion zu belasten. Aus diesem Grund kann hier folgender Ausweg empfohlen werden: Für eine vorberechnete Gebrauchsspannung $\sigma_s$ des Seiles kann man auf experimentellem Wege die ihr entsprechende Dehnung $\varepsilon_s$ ermitteln (Bild 1.5). Die Kenntnis dieser Werte gestattet es einen sekanten Gesamtelastizitätsmodul $E_s = \sigma_s/\varepsilon_s$ zu bestimmen. Ihn kann man dann für die statischen Berechnungen verwenden, jedoch unter Vorbehalt, daß die berechneten Spannungen in den Seilen der angenommenen Spannung $\sigma_s$ wenigstens näherungsweise entsprechen.

In einigen Fällen, insbesondere für Seilkonstruktionen mit sehr hoher Funktionssicherheit verwendet man nicht die typischen Seile, sondern solche, die aus einem Bündel paralleler Drähte bestehen. Seile dieser Art finden vor allem Anwendung beim Bau von Hängebrücken. Ihr Elastizitätsmodul entspricht demjenigen des einzelnen Drahtes.

## 1.5 Rheologische Eigenschaften von Seilen

Seile weisen unter Belastung drei Arten der Formänderung auf:
— elastische Dehnung, die nach der Entlastung verschwindet,
— bleibende Dehnung, die nach der Entlastung nicht verschwindet,
— rheologische Dehnung, die infolge von Kriechen unter Dauerbelastung entsteht.

In Anlehnung an die in [2] beschriebenen Untersuchungen kann man annehmen, daß die rheologische Dehnung des Seiles um 20 bis 30 % größer ist als die rheologische Dehnung des einzelnen Drahtes.

Der Effekt des Seilkriechens ist im allgemeinen unerwünscht. Im Falle eines einzelnen Seiles vergrößert er den Seildurchhang. Bei den vorgespannten Seilkonstruktionen ist das Kriechen dagegen mit der Relaxation verbunden, die eine Entspannung der Spannseile hervorruft. Der Effekt des Kriechens wirkt hier also ähnlich wie eine Temperaturerhöhung. Bei der Projektierung wichtiger Seilkonstruktionen sollen die rheologischen Effekte berücksichtigt werden.

# 2 Statik des biegsamen Seiles

## 2.1 Einleitung

Es wird vorausgesetzt, daß Seile ideal biegsam sind. Das bedeutet, daß sie lediglich die Normalzugkräfte übertragen können. Diese Voraussetzung erfüllen Stahlseile verhältnismäßig gut, obwohl sie ebenfalls eine geringe Biegesteifigkeit haben. Die Biegesteifigkeit des Seiles ist gegenüber seiner Dehnsteifigkeit sehr klein und kann praktisch vernachlässigt werden.

Die Annahme der Biegsamkeit von Seilen ist in der Theorie der Seilkonstruktion sehr wichtig. Sie läßt nämlich annehmen, daß das Biegemoment in jedem Punkt des Seiles unter Wirkung von beliebigen Belastungen gleich Null ist. Diese Annahme werden wir in diesem Kapitel oft benutzen.

## 2.2 Seile mit horizontalen Sehnen

### 2.2.1 Wirkung des Eigengewichts

Betrachten wir ein biegsames Seil unter Wirkung des Eigengewichts $g$ (Bild 2.1). Die auf die Seilsehne bezogene vertikale Belastung beträgt in diesem Fall

$$q(x) = \frac{g}{\cos \varphi} . \tag{2.1}$$

Unter Wirkung der Belastung $q(x)$ nimmt die Seildurchhangskurve in den Koordinaten $x$, $y$ folgende Gl. an [3]:

$$y = k \left( \cosh \frac{x}{k} - 1 \right) \tag{2.2}$$

mit

$$k = \frac{H}{g} . \tag{2.3}$$

Gleichung (2.2) stellt die bekannte Kettenlinie dar. Setzt man in (2.2) $x = l/2$ ein, so erhält man die Formel für den maximalen Durchhang des Seiles

$$f = y(l/2) = k \left( \cosh \frac{l}{2k} - 1 \right) . \tag{2.4}$$

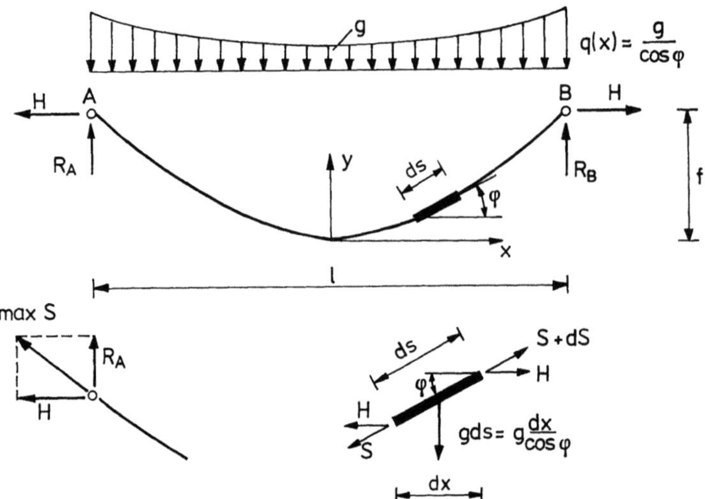


**Bild 2.1.** Seil unter Wirkung des Eigengewichts

Mit (2.2) lassen sich die Ordinatenwerte $y$ des Seildurchhangs dann bestimmen, wenn die horizontale Seilkraft $H$ bekannt ist. Diese Kraft werden wir aus der sogenannten Seilgleichung ermitteln.

### 2.2.1.1 Herleitung der Seilgleichung

Die Länge des Seiles kann man aus

$$s = \int_A^B \sqrt{1 + y'^2}\, dx \tag{2.5}$$

bestimmen. Die erste Ableitung der Funktion (2.2) ist

$$y' = \sinh \frac{x}{k}\,. \tag{2.6}$$

Setzt man (2.6) in (2.5) ein, so ergibt sich

$$s = \int_A^B \sqrt{1 + \sinh^2 \frac{x}{k}}\, dx = \int_{-1/2}^{1/2} \cosh \frac{x}{k}\, dx\,. \tag{2.7}$$

Die Auswertung des Integrals (2.7) ergibt

$$s = 2k \sinh \frac{l}{2k}\,, \tag{2.8}$$

oder, unter Berücksichtigung von (2.3),

$$s = \frac{2H}{g} \sinh \frac{lg}{2H}\,. \tag{2.9}$$

Zwischen den Längen des Seiles im Ausgangs- und Endzustand besteht folgende Beziehung:

$$s = s_0 + \Delta s + \Delta s_t, \tag{2.10}$$

wobei

$s$    Länge des Seiles im Endzustand nach (2.9),
$s_0$   Länge des Seiles im Ausgangszustand (für $g = 0$),
$\Delta s$   elastische Verlängerung des Seiles,
$\Delta s_t$   Verlängerung des Seiles infolge Temperaturveränderung

ist.

Die elastische Verlängerung des Seiles berechnen wir aus der Formel [4]

$$\Delta s = \int_0^s \varepsilon \, ds = \frac{H}{EA} \int_0^l (1 + y'^2) \, dx. \tag{2.11}$$

Hierin bedeuten:
$E$    Elastizitätsmodul des Seiles,
$A$    Querschnitt des Seiles.

Setzt man (2.6) in (2.11) ein, so erhält man nach der Auswertung des Integrals und nach den kurzen Umformungen

$$\Delta s = \frac{H^2}{EAg} \left( \frac{lg}{2H} + \frac{1}{4} \sinh \frac{2lg}{H} \right). \tag{2.12}$$

Die Verlängerung (Verkürzung) des Seiles infolge Temperaturänderung beträgt

$$\Delta s_t = \alpha_t \Delta t s_0, \tag{2.13}$$

wobei:
$\alpha_t$   Temperaturausdehnungskoeffizient (für Stahlseile $\alpha_t = 0{,}000012$)
$\Delta t$   Temperaturänderung

ist.

Gleichung (2.10) kann man, unter Berücksichtigung von (2.9), (2.12) und (2.13), in folgender Form ausdrücken:

$$\frac{2H}{g} \sinh \frac{lg}{2H} = s_0 (1 + \alpha_t \Delta t) + \frac{H^2}{EAg} \left( \frac{lg}{2H} + \frac{1}{4} \sinh \frac{2lg}{H} \right). \tag{2.14}$$

Gleichung (2.14) stellt die exakte Seilgleichung dar. Sie kann für beliebig große Seildurchhänge verwendet werden. Die Auflösung dieser Gleichung nach $H$ läßt die Ordinatenwerte des Seiles aus (2.2) bestimmen. Es ist in der Praxis am einfachsten, (2.14) durch Probieren aufzulösen.

### 2.2.1.2 Näherungsform der Seilgleichung

In der Baupraxis nimmt man sehr oft an, daß das Eigengewicht des Seiles längs der Seilsehne gleichmäßig verteilt ist ($q(x) = g = $ const). Bei dieser Annahme wird die Seildurchhangskurve bekanntlich durch eine Parabel 2. Grades dargestellt. Die

Länge der Parabel kann man näherungsweise in der Form

$$s \approx l\left[1 + \frac{8}{3}\left(\frac{f}{l}\right)^2\right] \tag{2.15}$$

darstellen. Unter Berücksichtigung, daß

$$f = \frac{gl^2}{8H}, \tag{2.16}$$

ist, erhält man

$$s \approx l\left(1 + \frac{g^2 l^2}{24H^2}\right). \tag{2.17}$$

Die elastische Verlängerung des Seiles kann man auch in einer einfacheren Form

$$\Delta s \approx \frac{H \cdot s_0}{EA} \tag{2.18}$$

ausdrücken.

Die Seilgleichung (2.10) wird dann zu

$$l\left(1 + \frac{g^2 l^2}{24H^2}\right) = s_0(1 + \alpha_t \Delta t) + \frac{Hs_0}{EA}. \tag{2.19}$$

Nach mehreren Umformungen von (2.19) erhält man

$$H^3 + H^2 EA\left[1 - \frac{1}{s_0}(l - \alpha_t \Delta t s_0)\right] = \frac{EA g^2 l^3}{24 s_0}. \tag{2.20}$$

### 2.2.1.3 Vergleich der Näherungsgleichung mit der exakten Seilgleichung

Für die Praxis ist es wichtig zu wissen, wann die exakte Seilgleichung (2.14) durch die Näherungsgleichung (2.20) zu ersetzen ist. Um diese Frage zu beantworten, wurden mehrere Zahlenbeispiele berechnet. Die Ergebnisse sind in Tabelle 2.1 zusammengestellt. Dabei sind:
$H_k$, $f_k$ die Werte für die exakte Lösung (Kettenlinie),
$H_p$, $f_p$ die Werte für die Näherungslösung (Parabellinie).

Die obigen Werte wurden für das veränderliche, vorausgesetzte Verhältnis $s_0/l$ berechnet. Dabei gilt, daß $EA = \infty$. Die Berücksichtigung einer realen Dehnsteifigkeit des Seiles hat nur einen geringen Einfluß auf die angegebenen Verhältnisse $H_k/H_p$ und $f_k/f_p$.

In Anlehnung an die in dieser Tabelle angegebenen Ergebnisse kann man folgern:
1. Unter Berücksichtigung der exakten Lösung erhält man sowohl größere Seilkräfte $H$ als auch größere Seildurchhänge $f$.
2. Für kleine bezogene Durchhänge ($f/l \leq 0{,}1$) sind die Unterschiede zwischen beiden Lösungen ohne große praktische Bedeutung.

**Tabelle 2.1.** Vergleich der Näherungslösung ($H_p$, $f_p$) mit der exakten Lösung ($H_k$, $f_k$)

| $\dfrac{s_o}{l}$ | $\dfrac{H_k}{H_p}$ | $\dfrac{f_p}{l}$ | $\dfrac{f_k}{l}$ | $\dfrac{f_k}{f_p}$ |
|---|---|---|---|---|
| 1,01 | 1,0000 | 0,061 | 0,061 | 1,0000 |
| 1,02 | 1,0006 | 0,087 | 0,087 | 1,0000 |
| 1,03 | 1,0029 | 0,106 | 0,107 | 1,0094 |
| 1,04 | 1,0048 | 0,122 | 0,124 | 1,0164 |
| 1,05 | 1,0065 | 0,136 | 0,139 | 1,0221 |
| 1,10 | 1,0143 | 0,194 | 0,200 | 1,0351 |
| 1,20 | 1,0287 | 0,274 | 0,294 | 1,0657 |
| 1,30 | 1,0421 | 0,335 | 0,367 | 1,0955 |
| 1,40 | 1,0555 | 0,387 | 0,438 | 1,1318 |
| 1,50 | 1,0679 | 0,433 | 0,502 | 1,1594 |

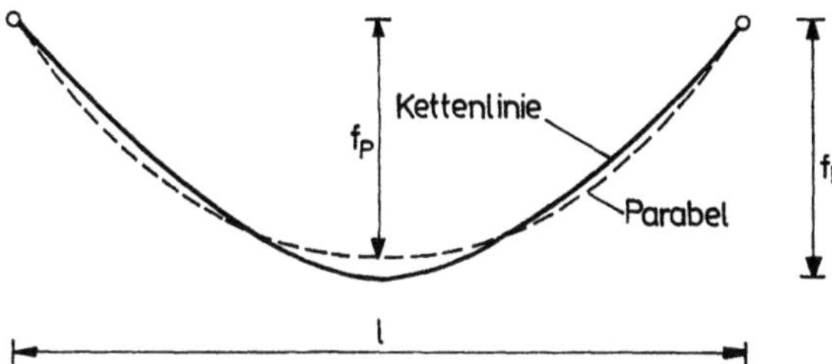


**Bild 2.2.** Kettenlinie und Parabellinie

3. Bei der Anwendung der Seile mit großem Durchhang ist die exakte Lösung zu benutzen. In diesem Fall beziehen sich die Unterschiede zwischen beiden Lösungen vor allem auf die Werte von $f$.

Die Unterschiede zwischen Kettenlinie und Parabellinie sind in Bild 2.2 dargestellt. Die in Tabelle 2.1 angegebenen Werte der exakten Lösung kann man auch für eine Korrektur der Näherungslösung benutzen. Das entsprechende Verfahren werden wir an einem Beispiel zeigen.

*Beispiel 2.1.* Für ein Seil unter Wirkung des Eigengewichts sind die maximale Seilkraft und der maximale Durchhang $f$ zu berechnen.

Angenommene Daten:
— Ausgangslänge des Seiles $s_0 = 1\,100$ m,
— Spannweite des Seiles $l = 1\,000$ m,
— Dehnsteifigkeit $EA = 500\,000$ kN, Eigengewicht $g = 0,5$ kN/m.

Aus (2.20) erhalten wir

$$H^3 + H^2 \cdot 500\,000 \left[ 1 - \frac{1}{1\,100}(1\,000 - 0) \right] = \frac{500\,000 \cdot 0,5^2 \cdot 1\,000^3}{24 \cdot 1\,100},$$

$$H^3 + 45\,454,6 H^2 = 4,735 \cdot 10^9.$$

Die Lösung der Gleichung lautet

$$H = H_\text{p} = 321{,}6 \, \text{kN} \, .$$

Der maximale Durchhang des Seiles beträgt daher

$$f = f_\text{p} = \frac{g l^2}{8 H_\text{p}} = \frac{0{,}5 \cdot 1\,000^2}{8 \cdot 321{,}6} = 194{,}3 \, \text{m} \, .$$

Für $s_0/l = 1\,100/1\,000 = 1{,}1$ finden wir in Tabelle 2.1

$$H_\text{k} = 1{,}0143 \, H_\text{p} \quad \text{und} \quad f_\text{k} = 1{,}0351 \, f_\text{p} \, .$$

Die Berücksichtigung dieser Korrekturfaktoren ergibt

$$H_\text{k} = 1{,}0143 \cdot 321{,}6 = 326{,}2 \, \text{kN} \, ,$$

$$f_\text{k} = 1{,}0351 \cdot 194{,}3 = 201{,}1 \, \text{m} \, .$$

Die Lösung der exakten Gl. (2.14) lautet: $H = H_\text{k} = 325{,}2 \, \text{kN}$. Aus (2.4) erhalten wir daher

$$f = f_\text{k} = \frac{325{,}2}{0{,}5} \left( \cosh \frac{1\,000 \cdot 0{,}5}{2 \cdot 325{,}2} - 1 \right) = 201{,}8 \, \text{m} \, .$$

Die Unterschiede zwischen der exakten Lösung und der „verbesserten" Näherungslösung sind also verhältnismäßig klein. Die vertikale Auflagekraft beträgt

$$R_\text{A} = (s_0 \cdot g)/2 = \frac{1\,100 \cdot 0{,}5}{2} = 275{,}0 \, \text{kN} \, .$$

Die maximale Seilkraft berechnen wir aus (vgl. Bild 2.1)

$$\max S = \sqrt{R_\text{A}^2 + H^2} = \sqrt{275^2 + 325{,}2^2} = 425{,}9 \, \text{kN} \, .$$

### 2.2.2 Wirkung einer beliebigen vertikalen Belastung

#### 2.2.2.1 Allgemeine Beziehungen

Ein Seil unterliege einer beliebigen Belastung $q(x)$ (Bild 2.3), die Seilausgangslänge (für $q(x) = 0$) betrage $s_0$ und die Dehnsteifigkeit des Seiles sei $EA$.

Dann haben die vertikalen Auflagerkräfte $R_\text{A}$ und $R_\text{B}$, unter der Belastung von $q(x)$ dieselben Werte wie für den Balken mit der Stützweite $l$. Die Annahme, daß das Biegemoment in jedem Punkt des Seiles gleich Null ist, liefert

$$M - H \cdot y = 0 \, , \tag{2.21}$$

wobei $M$ die gedachte Momentlinie infolge der Belastung $q(x)$ (wie für den Balken um Stützweite $l$). Die Auflösung von (2.21) nach $y$ ergibt

$$y = \frac{M}{H} \, . \tag{2.22}$$

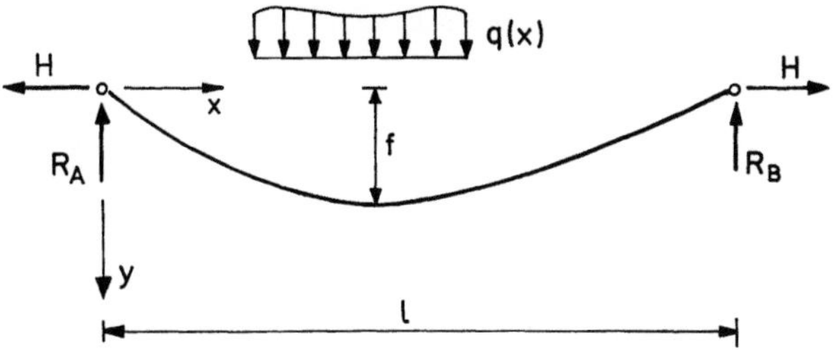


**Bild 2.3.** Seil unter beliebiger Belastung $q(x)$

Aus dieser Gleichung kann man schließen, daß die Form des Durchhangs der Momentenlinie ähnlich ist. Die Ordinaten des Seildurchhangs erhält man also durch die Teilung der entsprechenden Ordinaten der Momentengleichung durch den konstanten Wert von $H$. Der maximale Durchhang des Seiles befindet sich also an der Stelle des maximalen Biegemoments und beträgt

$$f = \frac{\max M}{H} \,.$$ (2.23)

Die Auflösung von (2.23) nach $H$ liefert

$$H = \frac{\max M}{f} \,.$$ (2.24)

Die Formel (2.24) ist allgemeingültig; sie hat aber für die Berechnung von $H$ nur eine beschränkte Anwendung, weil die Ordinatenwerte der Seildurchhangskurve — darunter auch der Wert von $f$ — sehr oft a priori nicht bekannt sind. Aus diesem Grund werden wir, ähnlich wie in Abschn. 2.2.1.1, für die Berechnung von $H$ eine Seilgleichung herleiten, die ebenfalls auf der Beziehung zwischen der Seilausgangslänge $s_0$ und der aktuellen Seillänge $s$ basiert.

*2.2.2.2 Herleitung der Seilgleichung mit Hilfe der Methode der Querkräfte*

Die aktuelle Länge des Seiles unter Belastung $q(x)$ berechnen wir aus

$$s = \int_0^l \sqrt{1 + y'^2}\, \mathrm{d}x \,.$$ (2.25)

Die erste Ableitung der Funktion $y$ nach (2.22) wird

$$y' = \frac{1}{H}\frac{\mathrm{d}M}{\mathrm{d}x} = \frac{Q}{H} \,,$$ (2.26)

wobei $Q$ die gedachte Querkraft infolge der Belastung $q(x)$ (wie für den Balken um Stützweite $l$) ist.

Setzt man (2.26) in (2.25) ein, so ergibt sich

$$s = \int_0^l \sqrt{1 + \frac{Q^2}{H^2}}\, \mathrm{d}x \,.$$ (2.27)

Die elastische Verlängerung des Seiles berechnen wir aus (2.11) mit Berücksichtigung der Ableitung $y'$ nach (2.26)

$$\Delta s = \frac{H}{EA} \int_0^1 \left(1 + \frac{Q^2}{H^2}\right) dx. \qquad (2.28)$$

Setzt man (2.13), (2.27) und (2.28) in (2.10) ein, so erhält man

$$\int_0^1 \sqrt{1 + \frac{Q^2}{H^2}}\, dx = s_0(1 + \alpha_t \Delta t) + \frac{H}{EA} \int_0^1 \left(1 + \frac{Q^2}{H^2}\right) dx. \qquad (2.29)$$

Gleichung (2.29) stellt die exakte Seilgleichung dar. Sie betrifft beliebige Belastungen $q(x)$ und beliebig große Seildurchhänge. Die Auflösung der Gleichung nach $H$ läßt die Form des Seildurchhangs aus (2.22) bestimmen. Die Benutzung dieser Gleichung bereitet jedoch einige Probleme, weil ihre Lösung nur mit Hilfe der numerischen Integration möglich ist. Um die praktischen Berechnungen zu erleichtern, werden wir eine Näherungsform dieser Gleichung herleiten.

### 2.2.2.3 Näherungsform der Seilgleichung

Entwickelt man (2.25) in eine Taylor-Reihe, so erhält man

$$s = \int_0^1 \left(1 + \frac{1}{2} y'^2 - \frac{1}{8} y'^4 + \frac{1}{16} y'^6 - \right) dx. \qquad (2.30)$$

Für verhältnismäßig flache Seile kann man sich auf die ersten zwei Glieder (2.30) beschränken; es gilt daher

$$s \approx \int_0^1 \left(1 + \frac{1}{2} y'^2\right) dx. \qquad (2.31)$$

Setzt man (2.26) in (2.31) ein, so erhält man

$$s = \int_0^1 \left(1 + \frac{1}{2} \frac{Q^2}{H^2}\right) dx = l + \frac{1}{2H^2} \int_0^1 Q^2 dx. \qquad (2.32)$$

Die elastische Verlängerung des Seiles kann man hier auch in einer einfacheren Form nach (2.18) ausdrücken. Unter Berücksichtigung von (2.13), (2.18) und (2.32), nimmt Gl. (2.10) also folgende Form an:

$$l + \frac{1}{2H^2} \int_0^1 Q^2 dx = s_0(1 + \alpha_t \Delta t) + \frac{H \cdot s_0}{EA}. \qquad (2.33)$$

Nach einigen Umformungen von (2.33) erhält man

$$H^3 + H^2 EA\left[1 - \frac{1}{s_0}(l - \alpha_t \Delta t s_0)\right] = \frac{EA}{2s_0} \int_0^1 Q^2 dx. \qquad (2.34)$$

Im Sonderfall für $q(x) = q = $ const wird die Querkraftgleichung zu

$$Q = \frac{ql}{2} - qx. \qquad (2.35)$$

Die rechte Seite von (2.34) ergibt demnach

$$\frac{EA}{2s_0} \int_0^l \left(\frac{ql}{2} - qx\right)^2 \mathrm{d}x = \frac{EAq^2l^3}{24s_0} .$$ (2.36)

Die Seilgleichung hat also für die gleichmäßig verteilte Belastung $q$ folgende Form:

$$H^3 + H^2 EA\left[1 - \frac{1}{s_0}(l - \alpha_t \Delta t s_0)\right] = \frac{EAq^2l^3}{24s_0} .$$ (2.37)

Die Gleichungen (2.20) und (2.37) sind identisch.

### 2.2.2.4 Diskussion der Seilgleichung

Die Seilgleichung nach (2.34) tritt in diesem Buch sehr oft auf. Deshalb soll sie im folgenden diskutiert werden. Gleichung (2.34) läßt sich in einer Allgemeinform

$$H^3 + bH^2 - c = 0,$$ (2.38)

oder kurz

$$f(H) = 0$$ (2.39)

schreiben. Die Funktion $y = f(H)$ kann je nach dem Wert des Faktors $b$, eine der drei in Bild 2.4 dargestellten Formen annehmen. Gleichung (2.38) hat also lediglich eine reale Wurzel. Sie ist relativ einfach durch Probieren zu finden, vorausgesetzt, daß eine Näherungslösung bekannt ist. Eine solche läßt sich im vorliegenden Fall sehr einfach ermitteln. Gleichung (2.34) nimmt nämlich eine viel einfachere Form für $EA = \infty$ an. Teilt man die beiden Seiten von (2.34) durch $EA$ und setzt man $EA = \infty$, so erhält man nach der Umformung

$$H = H_1 = \sqrt{\frac{\int_0^l Q^2 \mathrm{d}x}{2(s_0(1 + \alpha_t \Delta t) - l)}} .$$ (2.40)

Im Sonderfall, für $q = \mathrm{const}$, gilt

$$H = H_1 = ql\sqrt{\frac{l}{24(s_0(1 + \alpha_t \Delta t) - l)}} .$$ (2.41)

Die Wurzel von (2.34) ist für eine reale Dehnsteifigkeit des Seiles immer kleiner als die obenangegebenen Näherungen von $H_1$. Es ist hier zu bemerken, daß die Gln. (2.40) und (2.41) nur im Fall $b \geqq 0$, d.h. für $s_0(1 + \alpha_t \Delta t) \geqq l$, gelten. Dieser Fall tritt in der Praxis jedoch fast immer auf.

Ist die erste Näherungslösung $H_1$ bekannt, so kann man auch die nächsten Näherungen leicht mit Hilfe des *Newton-Verfahrens* (Bild 2.5) bestimmen. Für die zweite Näherung gilt [5]

$$H_2 = \frac{2H_1^3 + bH_1^2 + c}{3H_1^2 + 2bH_1}$$ (2.42)

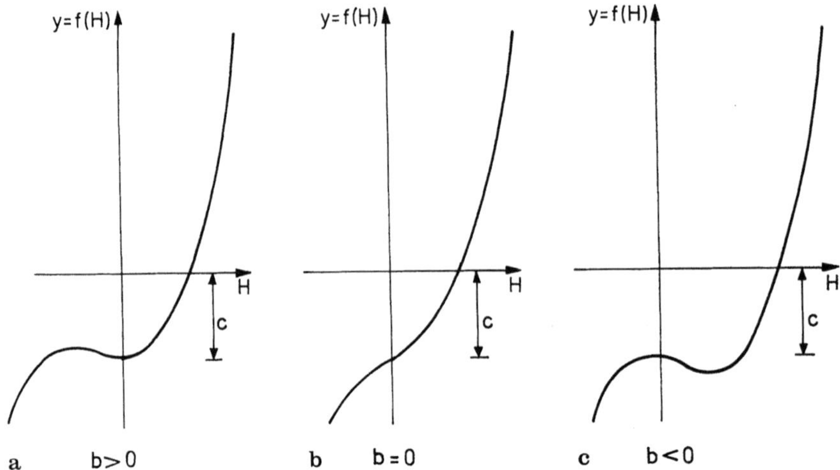



**Bild 2.4a–c.** Graphische Darstellung der Seilgleichung. **a** $b>0$; **b** $b=0$ **c** $b<0$

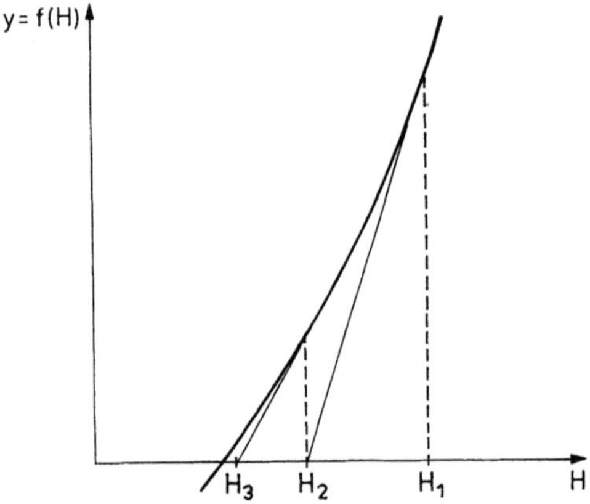



**Bild 2.5.** Graphische Darstellung des Newton-Verfahrens

und für die $i$-te Näherung

$$H_i = \frac{2H_{i-1}^3 + bH_{i-1}^2 + c}{3H_{i-1}^2 + 2bH_{i-1}} \ . \tag{2.43}$$

Die Reihe der Näherungen (2.43) konvergiert sehr rasch. Für praktische Bedürfnisse genügen in der Regel zwei bis drei Näherungen. Die Anwendung des Dargestellten wird an einem Beispiel gezeigt.

*Beispiel 2.2.* Für das in Bild 2.6 dargestellte Steil unter der Belastung $q=2$ kN/m ist die Seilkraft $H$ zu berechnen.

Angenommene Daten:
— Ausgangslänge des Seiles $s_0 = 60{,}5$ m
— Dehnsteifigkeit des Seiles $EA = 100\,000$ kN.

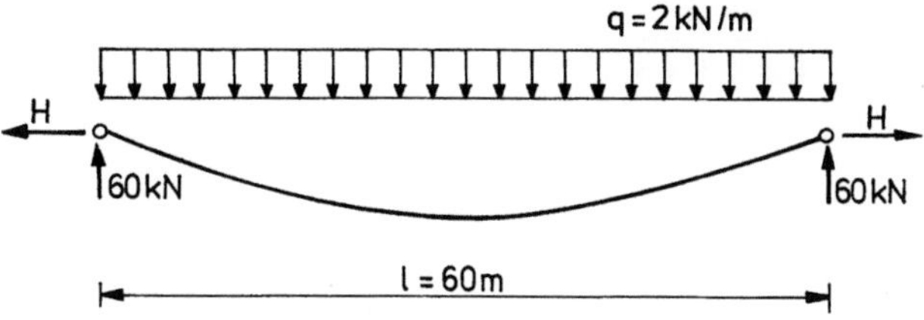


**Bild 2.6.** Seil mit Belastung

Aus (2.41) erhält man die erste Näherungslösung

$$H_1 = 2 \cdot 60 \sqrt{\frac{60}{24(60{,}5-60)}} = 268{,}3\,\text{kN}.$$

Die Faktoren $b$ und $c$ von (2.38) betragen

$$b = 100\,000 \left(1 - \frac{60}{60{,}5}\right) = 826{,}45,$$

$$c = \frac{100\,000 \cdot 2^2 \cdot 60^3}{24 \cdot 60{,}5} = 5{,}95 \cdot 10^7.$$

Die zweite Näherung nach (2.42) ergibt

$$H_2 = \frac{2 \cdot 268{,}3^3 + 826{,}45 \cdot 268{,}3^2 + 5{,}95 \cdot 10^7}{3 \cdot 268{,}3^2 + 2 \cdot 826{,}45 \cdot 268{,}3} = 239{,}0\,\text{kN}.$$

Die nächsten Näherungen, (2.43) betragen

$$H_3 = 236{,}6\,\text{kN}, \; H_4 = 236{,}6\,\text{kN} \rightarrow H = 236{,}6\,\text{kN}.$$

Wählt man eine relativ große erste Näherungslösung, z.B. $H_1 = 1\,000\,\text{kN}$, so erhält man folgende Reihe der Näherungen:

$$H_2 = 620{,}2, \; H_3 = 392{,}2, \; H_4 = 276{,}9, \; H_5 = 240{,}4, \; H_6 = 236{,}6.$$

Dieses Beispiel zeigt, daß die Formel (2.43) sehr schnell die Wurzel der Seilgleichung bestimmen läßt, sogar wenn ein großer Unterschied zwischen der Näherungslösung $H_1$ und der exakten Lösung $H$ besteht. Aus diesem Grund könnte man, statt (2.40), als erste Näherungslösung $H_1 = A \cdot R_\text{m}$ ($R_\text{m}$ = Zugfestigkeit des Seiles) annehmen.

### 2.2.2.5 Vergleich der Näherungsgleichung mit der exakten Seilgleichung

Die zwischen der Näherungsgleichung (2.34) und der exakten Seilgleichung (2.29) bestehenden Unterschiede werden wir an einem Beispiel nachweisen.

*Beispiel 2.3.* Für das in Bild 2.7 dargestellte Seil sind die Kraft $H$ und der bezogene Durchhang $f/l$ zu berechnen.

Angenommen Daten:

$$E = 15\,000\,\text{kN/cm}^2, \; A = 3\,\text{cm}^2, \; EA = 45\,000\,\text{kN}, \; q = 1\,\text{kN/m}, \; l = 50\,\text{m}.$$

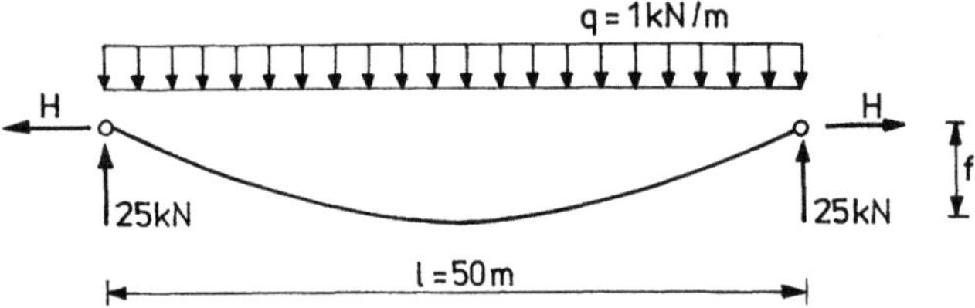



**Bild 2.7.** Seil mit Belastung

**Tabelle 2.2.** Vergleich der Näherungslösung (untere Werte) mit der exakten Lösung (obere Werte)

| $s_0$(m) | $EA = 45000$ kN | | $EA = \infty$ | |
|---|---|---|---|---|
| | $H$ (kN) | $f/l$ | $H$ (kN) | $f/l$ |
| 50,25 | 116,4 | 0,054 | 144,0 | 0,043 |
| | 116,9 | 0,053 | 144,3 | 0,043 |
| 50,50 | 92,2 | 0,068 | 101,6 | 0,062 |
| | 92,8 | 0,067 | 102,1 | 0,061 |
| 50,75 | 78,1 | 0,080 | 82,7 | 0,076 |
| | 78,8 | 0,079 | 83,3 | 0,075 |
| 51,00 | 68,7 | 0,091 | 71,5 | 0,087 |
| | 69,5 | 0,090 | 72,2 | 0,086 |
| 51,50 | 56,8 | 0,110 | 58,1 | 0,108 |
| | 57,6 | 0,108 | 58,9 | 0,106 |
| 52,00 | 49,3 | 0,127 | 50,1 | 0,125 |
| | 50,3 | 0,124 | 51,0 | 0,122 |
| 55,00 | 30,8 | 0,203 | 30,9 | 0,202 |
| | 32,1 | 0,195 | 32,3 | 0,193 |

Die Berechnungen werden hier für veränderliche Ausgangslängen des Seiles von $s_0 = 50,25$ bis $s_0 = 55,0$ m durchgeführt. Um den Einfluß der Dehnsteifigkeit $EA$ auf die Berechnungsergebnisse nachzuweisen, wird auch der Fall $EA = \infty$ berücksichtigt. Bei der numerischen Integration von (2.29) mit Hilfe eines Computers wurden 100 Intervalle ($\Delta x = 0,01 l$) angenommen. Die Ergebnisse der Berechnungen sind in Tabelle 2.2 zusammengestellt.

Aus den angegebenen Ergebnissen kann man folgern:

**1.** Aus der Näherungsgleichung erhält man etwas größere Seilkräfte $H$ als aus der exakten Seilgleichung. Für in der Baupraxis vorkommende Seile mit kleinem Durchhang ($f/l \leqq 0,1$, $s_0/l \leqq 1,03$) sind diese Unterschiede jedoch ohne große Bedeutung.

**2.** Die elastische Verlängerung des Seiles hat im allgemeinen einen wesentlichen Einfluß auf die Größe der Seilkraft $H$. Wird sie nicht berücksichtigt, wird eine größere Seilkraft von $H$ ermittelt. Je größer der Durchhang des Seiles, desto kleiner ist der Einfluß der Seildehnsteifigkeit auf die Seilkraft. Für Seile mit

großem Durchhang ($f/l \geqq 0{,}2$) kann man praktisch die elastische Seilverlänge-
rung vernachlässigen.

Die Bemerkungen betreffen auch andere Belastungsfälle. Eine wesentliche
Bedeutung hat hier nicht die Art der Belastung, sondern die Größe des
Seildurchhangs. Aus den hier durchgeführten Betrachtungen kann man schließen,
daß die Näherungsgleichung (2.34) in der Praxis benutzt werden kann.

### 2.2.2.6 Berechnung der Integrale $\int\limits_0^l Q^2 dx$

Bei der Anwendung der Seilgleichung (2.34) ist es notwendig, die Integrale
$\int\limits_0^l Q^2 dx$ für verschiedene Lastfälle zu berechnen. Für einfache Belastungsarten
(gleichmäßig verteilte Belastung, Einzellasten) kann man zu diesem Zweck die
bekannten Regeln der Auswertung von Überlagerungsintegralen $\int\limits_0^l M_i M_k dx$
benutzen. Statt der Momentenflächen $M_i$ und $M_k$ ist hier die Querkraftfläche $Q$ zu
berücksichtigen.

Es sei beispielsweise eine gleichmäßige Belastung $q$ gegeben (Bild 2.8). Den
Wert des betrachteten Integrals berechnen wir auf die bekannte Weise

$$\int\limits_0^l Q^2 dx = 2\left(\frac{ql}{2} \cdot \frac{l}{2} \cdot \frac{1}{2} \cdot \frac{2}{3} \cdot \frac{ql}{2}\right) = \frac{q^2 l^3}{12}\,.$$

Für eine Einzellast $P$ in beliebiger Stellung (Bild 2.9) erhalten wir dagegen

$$\int\limits_0^l Q^2 dx = \frac{Pb}{l} \cdot a \cdot \frac{Pb}{l} + \frac{Pa}{l} \cdot b \cdot \frac{Pa}{l} = \frac{P^2 ab}{l}\,.$$

Im Fall einer dreieckförmigen Last z.B. (Bild 2.10) kann man diese einfache
Methode bekanntlich nicht anwenden, da die Querkraftlinie keine Gerade ist. Wir
müssen hier also von der Querkraftgleichung

$$Q = \frac{ql}{6} - \frac{qx^2}{2l}$$

ausgehen. Die Auswertung des Integrals ergibt

$$\int\limits_0^l Q^2 dx = \int\limits_0^l \left(\frac{ql}{6} - \frac{qx^2}{2l}\right)^2 dx = \left|q^2\left(\frac{l^2 x}{36} - \frac{x^3}{18} + \frac{x^5}{20l^2}\right)\right|_0^l = \frac{q^2 l^3}{45}\,.$$

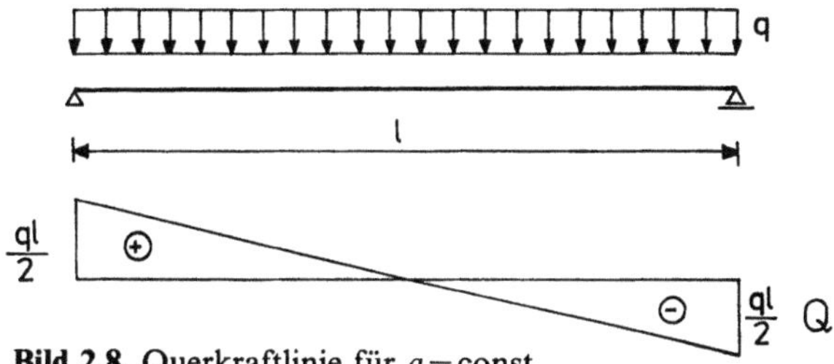


**Bild 2.8.** Querkraftlinie für $q = \text{const}$

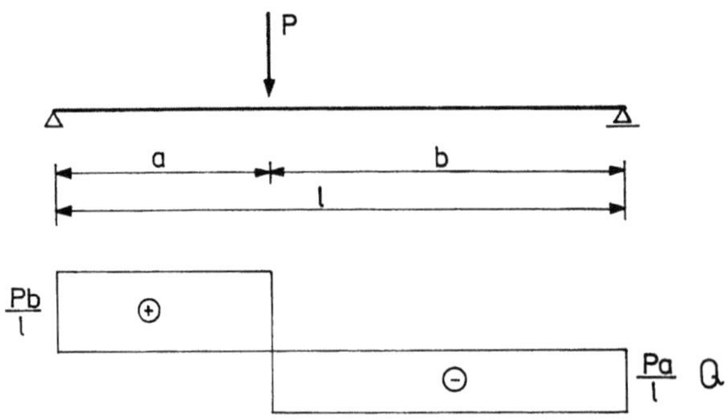

**Bild 2.9.** Querkraftlinie für Einzellast $P$

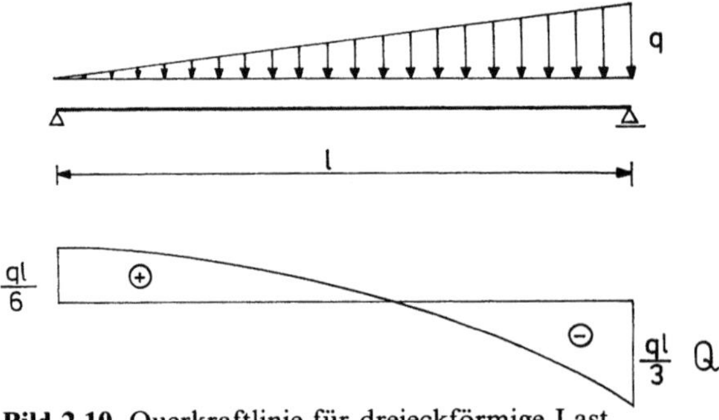

**Bild 2.10.** Querkraftlinie für dreieckförmige Last

Um die praktischen Berechnungen zu erleichtern, wurden die Integralwerte $\int_0^l Q^2 dx$ für einige oft vorkommende Belastungsfälle im Anhang des Buches zusammengestellt. Findet man eine Belastungsart dort nicht, so kann man die numerische Integration zur Berechnung des Integrals benutzen. Das entsprechende Vorgehen werden wir an einem Beispiel zeigen.

*Beispiel 2.4.* Für die in Bild 2.11a dargestellte Belastung ist der Integralwert $\int_0^l Q^2 dx$ zu berechnen. Die Querkraftlinie $Q$ ist für die betrachtete Belastung in Bild 2.11b aufgetragen. Das Bild 2.11c stellt die zum Quadrat erhobenen Ordinaten der Querkraft dar. Die Berechnung des Integralwertes entspricht bekanntlich der Berechnung der in Bild 2.11c dargestellten Fläche von $Q^2$. Die hier angewandte numerische Integration mit der Trapezregel führt zum Ergebnis

$$\int_0^l Q^2 dx = 136\,110,6 \text{ kN}^2\text{m}.$$

Dieses Ergebnis wurde unter Berücksichtigung des verhältnismäßig großen Intervalls $\Delta x = 0,1 \cdot l = 6$ m. erhalten. Würde man das viel kleinere Intervall $\Delta x = 0,01 \cdot l = 0,6$ m wählen, so erhielte man $I = 140\,116,7$ kN$^2$m. Da (2.34) eine Gleichung des 3. Grades ist, so sind ihre Wurzeln für beide berechneten Werte praktisch gleich. Für den praktischen Gebrauch genügen also meistens zehn

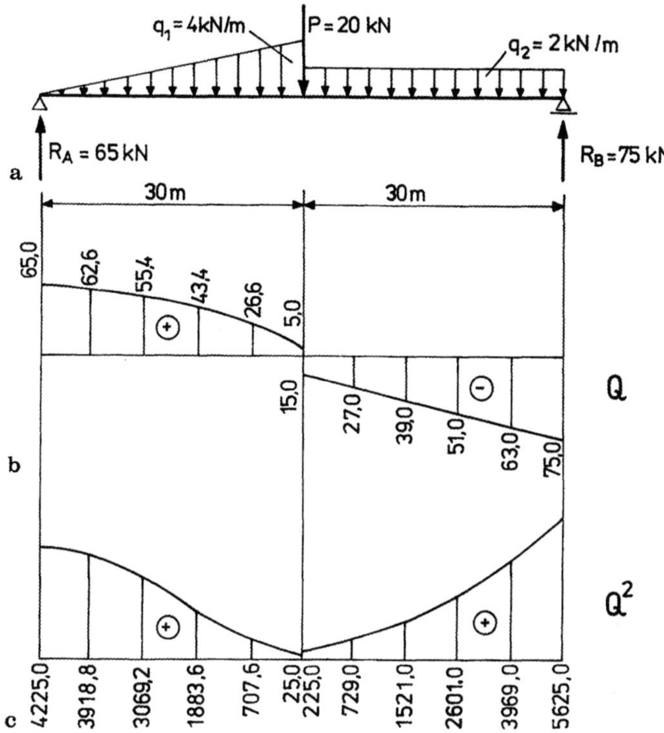


**Bild 2.11a–c.** Beispiel der numerischen Integration. **a** System und Belastung; **b** Querkraftlinie; **c** Fläche von $Q^2$

Intervalle. Die Berücksichtigung einer größeren Anzahl von Intervallen macht zwar keine Schwierigkeiten, steigert aber dabei die Genauigkeit der Berechnung nur wenig.

### 2.2.2.7 Einfluß einer zusätzlichen Belastung auf die Seilkraft

Den Einfluß einer zusätzlichen Belastung auf die Größe der Seilkraft werden wir an einem Beispiel erläutern.

*Beispiel 2.5.* Es sei ein Seil mit einer Ausgangslänge $s_0 = 36,35$ m unter der Belastung $q_0 = 0,5$ kN/m gegeben (Bild 2.12). Die Spannweite beträgt $l = 36$ m und seine Dehnsteifigkeit $EA = 50\,000$ kN.

Es sind zu berechnen:
- die Seilkraft $H_0$ unter Wirkung der Belastung $q_0$ und
- der Seilkraftzuwachs $\Delta H$ infolge zusätzlicher Belastung $\Delta q = 1,5$ kN/m.

Berechnung von $H_0$:
Aus der Seilgleichung (2.37) erhält man

$$H_0^3 + H_0^2 \cdot 50\,000 \left(1 - \frac{36,0}{36,25}\right) = \frac{50\,000 \cdot 0,5^2 \cdot 36^3}{24 \cdot 36,25},$$

$$H_0^3 + 344,83 H_0^2 = 670\,344,8.$$

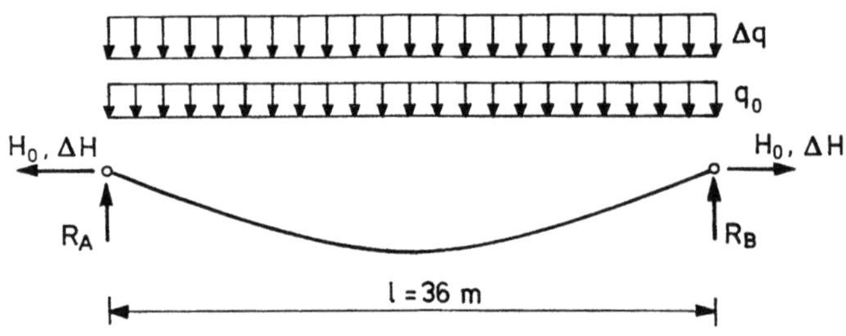

**Bild 2.12.** Seil mit Belastungen $q_0$ und $\Delta q$

Die Lösung ergibt $H_0 = 41,6\,\text{kN}$.

Berechnung von $\Delta H$:
Die Gesamtbelastung beträgt $q = q_0 + \Delta q = 0,5 + 1,5 = 2,0\,\text{kN/m}$. Aus der Seilgleichung (2.37) erhält man jetzt

$$H^3 + H^2 \cdot 50\,000\left(1 - \frac{36,0}{36,25}\right) = \frac{50\,000 \cdot 2^2 \cdot 36^3}{24 \cdot 36,25}\,,$$

$$H^3 + 344,83 H^2 = 10\,725\,517,0\,.$$

Die Lösung der Gleichung ergibt $H = 147,6\,\text{kN}$; der gesuchte Seilkraftzuwachs beträgt $\Delta H = H - H_0 = 106,0\,\text{kN}$. Die vorgestellte Lösung zeigt, daß eine nichtlineare Beziehung zwischen dem Seilkraftzuwachs und der zusätzlichen Belastung besteht. Diese Bemerkung ist allgemeingültig, d.h. sie betrifft auch andere Belastungsarten. Der hier auftretende Linearitätsfehler hängt sehr wesentlich von der Dehnsteifigkeit des Seiles ab. Je kleiner die Dehnsteifigkeit des Seiles, desto größer ist der Linearitätsfehler. Im Grenzfall für $EA = \infty$ besteht dagegen eine lineare Beziehung zwischen Seilkraft und Belastung, weil der Seildurchhang in diesem Fall von der Belastung unabhängig ist. Die besprochene Beziehung zwischen $\Delta H$ und $\Delta q$ ist für einige Seildehnsteifigkeiten in Bild 2.13 dargestellt.

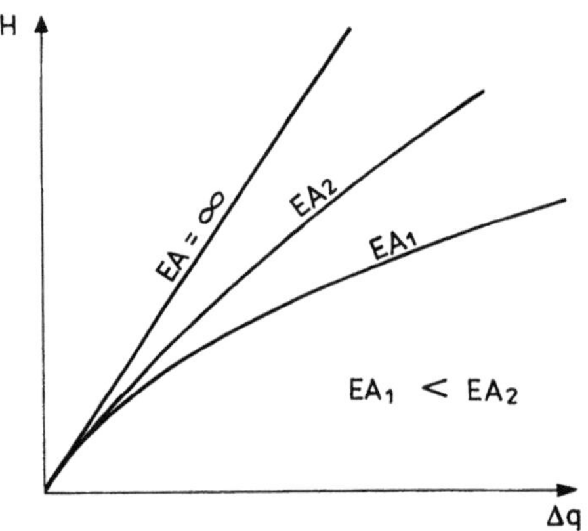


**Bild 2.13.** Beziehung zwischen $\Delta q$ und $\Delta H$ für einige Werte von $EA$

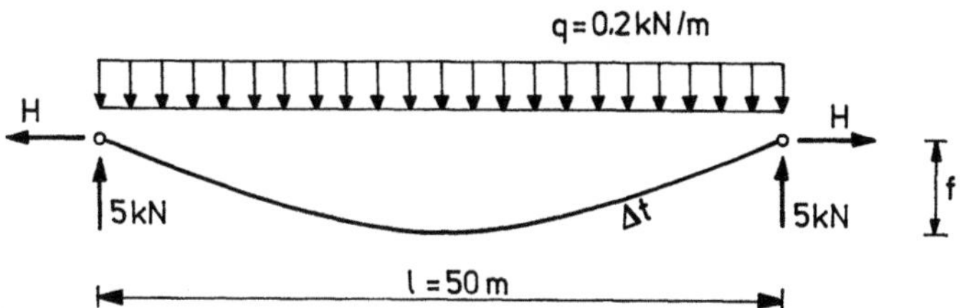


**Bild 2.14.** Seil unter Belastung $q$ und Temperaturänderung $\Delta t$

### 2.2.2.8 Einfluß der Temperaturänderung

Eine Temperaturänderung übt im allgemeinen einen großen Einfluß auf die Seilkraft aus: Eine Temperaturzunahme verringert sie, eine Temperaturabnahme vergrößert sie. Die Beziehung zwischen der Temperatur- und der Seilkraftänderung werden wir am nachstehenden Beispiel demonstrieren.

*Beispiel 2.6.* Für das in Bild 2.14 dargestellte Seil ist die Seilkraft infolge von Temperaturänderung zu berechnen.

Angenommene konstante Daten:

$$EA = 100\,000 \text{ kN}, \quad q = 0,2 \text{ kN/m}, \quad l = 50 \text{ m}, \quad \alpha_t = 0,000012 \text{ 1/K}.$$

Variable Daten:
— Ausgangslänge des Seiles $\quad s_0$ von 50,0 m bis 51,5 m,
— Temperaturänderung $\quad \Delta t$ von $-50$ K bis $+50$ K.

Für die Berechnung wird die Seilgleichung (2.37) benutzt und nimmt, beispielsweise, für $s_0 = 50$ m und $\Delta t = -50$ K folgende Form an:

$$H^3 + H^2 \cdot 100\,000 \left[ 1 - \frac{1}{50}\,(50 - 0,000012\,(-50) \cdot 50) \right]$$

$$= \frac{100\,000 \cdot 0,2^2 \cdot 50^3}{24 \cdot 50},$$

$$H^3 - 60H^2 = 416\,666,67.$$

Die Lösung ergibt für $H = 100,9$ kN. Die übrigen Ergebnisse der Berechnung sind in Tabelle 2.3 zusammengestellt. Das dort angegebene Verhältnis $f/l$ betrifft den Fall $\Delta t = 0$.

Aus den dargestellten Ergebnissen ergibt sich:

**1.** Für kleine Verhältnisse $f/l$ ist der Einfluß der Temperaturänderung bedeutend. Dabei ruft die Temperaturabnahme eine größere Seilkraftänderung hervor als eine entsprechend große Temperaturzunahme.

**2.** Für größere Verhältnisse $f/l$ ($f/l \geqq 0,1$) ist der Einfluß der Temperaturänderung klein und kann oft vernachlässigt werden.

Die obigen Schlüsse haben eine allgemeine Bedeutung, d.h. sie betreffen auch andere Belastungsarten. Die graphischen Beziehungen zwischen Temperatur- und Seilkraftänderung sind für ein Seil in Bild 2.15 dargestellt.

**Tabelle 2.3.** Die Seilkräfte $H$(kN) infolge Temperaturänderung $\Delta t$

| $s_0$ (m) | $f/l$ | $\Delta t$(K) | | | | | | |
|---|---|---|---|---|---|---|---|---|
| | | $-50$ | $-30$ | $-10$ | 0 | 10 | 30 | 50 |
| 50,00 | 0,017 | 100,9 | 88,8 | 78,9 | 74,6 | 70,8 | 64,4 | 59,1 |
| 50,10 | 0,030 | 47,1 | 44,6 | 42,5 | 41,5 | 40,6 | 38,9 | 37,4 |
| 50,25 | 0,045 | 29,7 | 29,0 | 28,4 | 28,0 | 27,7 | 27,1 | 26,6 |
| 50,50 | 0,062 | 20,8 | 20,5 | 20,3 | 20,1 | 19,9 | 19,7 | 19,5 |
| 51,00 | 0,087 | 14,6 | 14,5 | 14,4 | 14,3 | 14,3 | 14,2 | 14,1 |
| 51,50 | 0,107 | 11,9 | 11,8 | 11,7 | 11,7 | 11,7 | 11,6 | 11,6 |

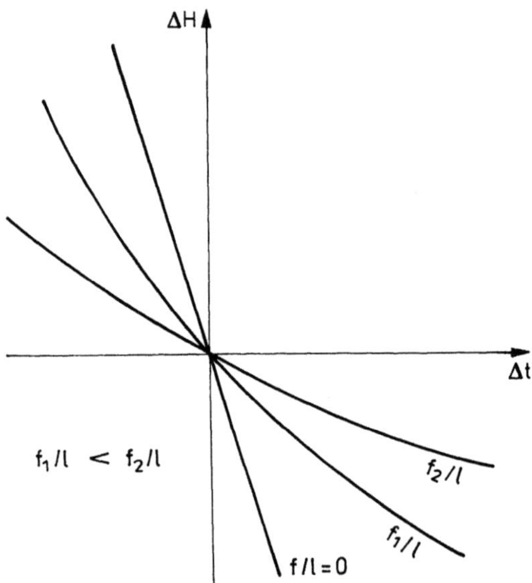


**Bild 2.15.** Beziehung zwischen $\Delta t$ und $\Delta H$ für einige Werte von $f/l$

### 2.2.2.9 Einfluß der Knotenverschiebungen

Die Seilkraftänderung infolge von Knotenverschiebungen des Seiles ist in der Baupraxis ein großes Problem, denn die Knotenverschiebungen können insbesondere in Seilsehnenrichtung große Seilkräfteänderungen hervorrufen. Dieses Problem werden wir im folgenden Beispiel erläutern.

*Beispiel 2.7.* Für das in Bild 2.16 dargestellte Seil ist die Seilkraft $H$ infolge der Knotenverschiebung $\Delta l$ zu berechnen.

Angenommene konstante Daten:

$$EA = 100\,000\ \text{kN}, \quad q = 0,2\ \text{kN/m}, \quad l = 50\ \text{m}\,.$$

Variable Daten:
— Ausgangslänge des Seiles $s_0$ von 50,0 m bis 51,5 m,
— Verschiebung $\Delta l$ von $-7,5$ cm bis 7,5 cm.

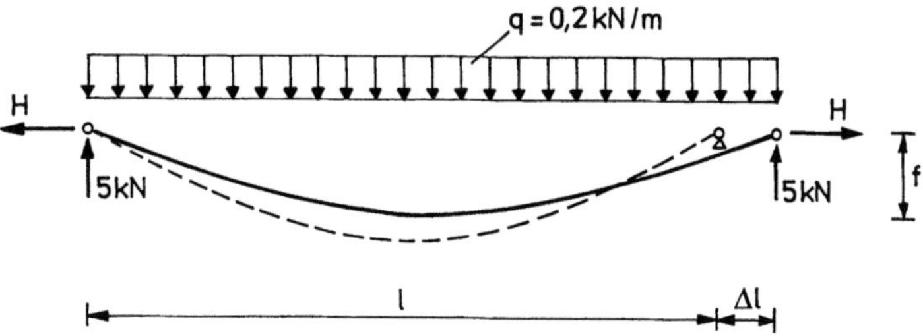

**Bild 2.16.** Seil mit einer Knotenverschiebung $\Delta l$

Für die Berechnung in diesem Zahlenbeispiel wird ebenfalls die Seilgleichung (2.37) benutzt. Es ist jedoch zu beachten, daß die Spannweite $l$ in (2.37) die tatsächliche Spannweite des Seiles, also $l + \Delta l$, berücksichtigen muß. Man erhält demnach $(\Delta t = 0)$:

$$H^3 + H^2 EA \left( 1 - \frac{l + \Delta l}{s_0} \right) = \frac{EAq^2 l^3}{24 s_0} \,.$$

Setzt man in diese Gleichung die konstanten Daten und, beispielsweise, $s_0 = 50$ m, $\Delta l = -7{,}5$ cm ein, so erhält man

$$H^3 + H^2 \cdot 100\,000 \left( 1 - \frac{50 - 0{,}075}{50} \right) = \frac{100\,000 \cdot 0{,}2^2 \cdot 50^3}{24 \cdot 50} \,,$$

$$H^3 + 150 H^2 = 416\,666{,}67 \,.$$

Die Lösung ergibt für $H = 46{,}1$ kN.

Die übrigen Ergebnisse der Berechnungen sind in Tabelle 2.4 zusammengestellt. Das dort gegebene Verhältnis $f/l$ gilt für den Fall $\Delta l = 0$.

Aus diesen Ergebnissen kann man folgende Schlüsse ziehen:
1. Die positiven Knotenverschiebungen der Seilsehne üben ähnliche Wirkung aus wie eine Temperaturabnahme.
2. Für kleine Verhältnisse $f/l$ ist der Einfluß von Knotenverschiebungen auf die Seilsehnenkraft wesentlich. Für Seile mit großem Durchhang ($f/l > 0{,}1$) ist dieser Einfluß viel kleiner, und kleine Verschiebungen $\Delta l$ können oft vernachlässigt werden.

**Tabelle 2.4.** Die Seilkräfte $H$(kN) infolge Knotenverschiebungen $\Delta l$

| $s_0$ (m) | $f/l$ | $\Delta l$ (cm) | | | | | | |
|---|---|---|---|---|---|---|---|---|
| | | $-7{,}5$ | $-5{,}0$ | $-2{,}5$ | $0$ | $2{,}5$ | $5{,}0$ | $7{,}5$ |
| 50,00 | 0,017 | 46,1 | 52,3 | 61,2 | 74,6 | 95,5 | 126,1 | 165,2 |
| 50,10 | 0,030 | 32,9 | 35,2 | 38,1 | 41,5 | 46,1 | 52,2 | 61,1 |
| 50,25 | 0,045 | 24,9 | 25,8 | 26,8 | 28,0 | 29,4 | 31,0 | 32,9 |
| 50,50 | 0,062 | 19,0 | 19,3 | 19,7 | 20,1 | 20,6 | 21,2 | 21,8 |
| 51,00 | 0,087 | 13,9 | 14,0 | 14,1 | 14,3 | 14,5 | 14,7 | 15,0 |
| 51,50 | 0,107 | 11,4 | 11,5 | 11,6 | 11,7 | 11,8 | 11,9 | 12,0 |

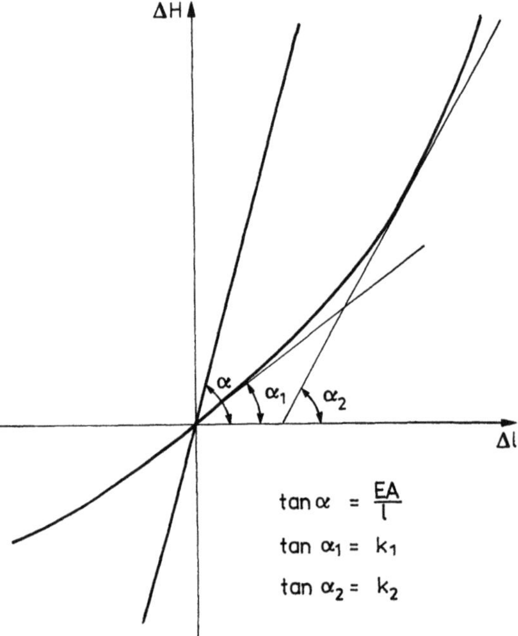


**Bild 2.17.** Beziehung zwischen $\Delta l$ und $\Delta H$

Die typische Seilkraft-Verschiebungs-Beziehung ist in Bild 2.17 dargestellt. Diese Beziehung ist in der Theorie der Seilkonstruktionen sehr wichtig. Die Tangenten zur aufgetragenen Kurve stellen die Steifigkeit des Seiles unter Querbelastung dar. Es ist zu ersehen, daß die Steifigkeit des Seiles nicht konstant ist. Sie ist immer kleiner als die Steifigkeit des geradlinigen Elementes ($EA/l$) und hängt von Faktoren ab wie z.B.:
—  dem Verhältnis $f/l$,
—  der Größe der Belastung,
—  der Größe der Verschiebung $\Delta l$.


## 2.2.2.10 Berücksichtigung der Stützkonstruktionssteifigkeit

Die im Abschn. 2.2.2.9 betrachteten Knotenverschiebungen des Seiles entstehen am häufigsten durch Verformung der Seilstützkonstruktion. Die Verschiebungen der Stützkonstruktion (sogar scheinbar kleine) können einen wesentlichen Einfluß auf die Seilkraftänderung ausüben. Die Nichtberücksichtigung dieses Einflusses führt im allgemeinen zu einer unwirtschaftlichen Projektierung der Seilkonstruktion.

Betrachten wir zuerst ein Modell, das aus einem Seil und einer Stützkonstruktion mit der Steifigkeit $k$ besteht (Bild 2.18a). Infolge der Seilbelastung entsteht eine für das Seil und die Stützkonstruktion gemeinsame Verschiebung $\Delta l$ (Bild 2.18b). Die Aufgabe besteht hier in der Ermittlung dieser Verschiebung. Ist sie bekannt, so kann man leicht die Seilkraft $H$ aus der Seilgleichung bestimmen.

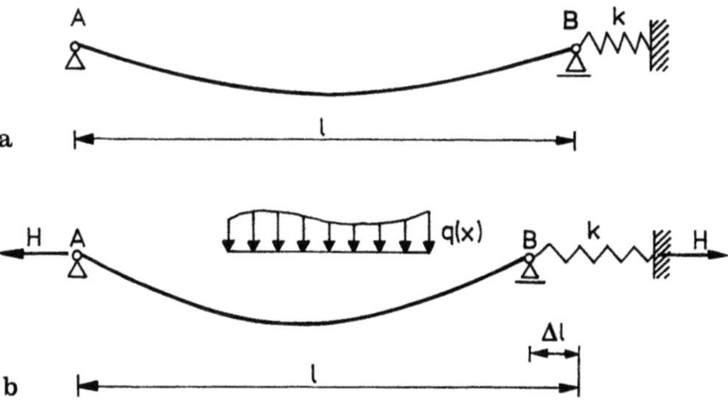

**Bild 2.18a–b.** Seil mit einer Stützkonstruktion um die Steifigkeit $k$. **a** Seil ohne Belastung; **b** Seil unter Belastung $q(x)$

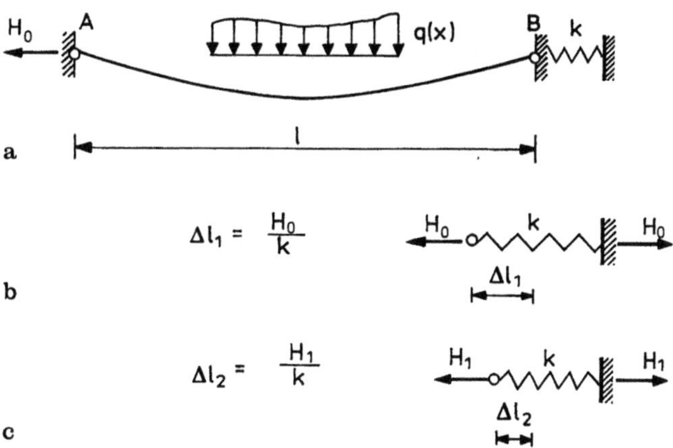

**Bild 2.19a–c.** Graphische Darstellung der iterativen Lösung. **a** Ausgangszustand; **b** erste Näherung; **c** zweite Näherung

Zur Ermittlung der erwähnten Verschiebung $\Delta l$ verwendet man in der Praxis verschiedene meistens iterative Berechnungsmethoden. Eine dieser Methoden wird im folgenden angewandt.

Ausgangszustand:
Es wird vorausgesetzt, daß die Endknoten des Seiles fest verankert sind, d.h., daß die Stützkonstruktion unverformbar ist (Bild 2.19a). Die aus der Seilgleichung (2.34) berechnete Seilkraft beträgt in diesem Zustand $H_0$.

1. Näherung:
Das Auflager B wird losgelassen. Infolge der Kraft $H_0$ erfährt die Stützkonstruktion eine Verschiebung $\Delta l_1$ (Bild 2.19b). Dieselbe Verschiebung müßte aber auch das Seil erfahren. Aus der Seilgleichung berechnet man jetzt eine neue Kraft $H_1$ unter Berücksichtigung der um den Wert $\Delta l_1$ verkürzten Seilsehne.

2. Näherung:
Auf die Stützkonstruktion wirkt jetzt die im ersten Iterationsschritt berechnete Kraft $H_1$, die die Verschiebung der Stützkonstruktion um $\Delta l_2$ hervorruft (Bild

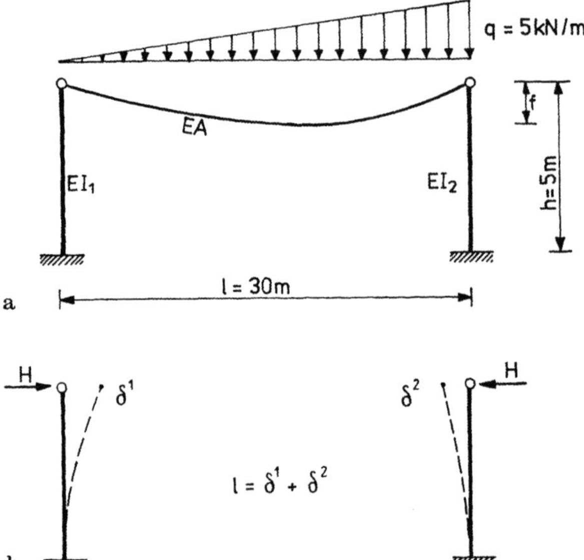


**Bild 2.20a − b.** Eine Seilkonstruktion. **a** System und Belastung; **b** horizontale Wirkung des Seiles auf die Stiele

2.19c). Unter Berücksichtigung dieser Verschiebung wird aus der Seilgleichung die nächste Kraft $H_2$ ermittelt.

Das oben vorgestellte Vorgehen gilt auch für die nächsten Iterationsschritte. Der Iteràtionsprozeß wird abgebrochen, wenn die angestrebte Berechnungsgenauigkeit erreicht ist. Das folgende Beispiel zeigt die Anwendung des Verfahrens.

*Beispiel 2.8.* Für das in Bild 2.20a dargestellte System sind die Seilkraft $H$ und der maximale Durchhang des Seiles $f$ zu berechnen.

Angenommene Daten:
—  Ausgangslänge des Seiles $s_0 = 30,2$ m;
—  Dehnsteifigkeit des Seiles $EA = 75\,000$ kN,
—  Biegesteifigkeit der Stiele $EI_1 = 50\,000$ kNm², $EI_2 = 100\,000$ kNm².

Die Lasten und Abmessungen können Bild 2.20 entnommen werden. Zunächst ist die Steifigkeit der Stützkonstruktion zu ermitteln. Für einen einseitig eingespannten Träger kann man seine Steifigkeit aus der Formel

$$k = \frac{3EI}{h^3}$$

bestimmen. Die Steifigkeiten der Stiele werden demnach:

$$k_1 = \frac{3EI_1}{h^3} = \frac{3 \cdot 50\,000}{5^3} = 1\,200 \text{ kN/m},$$

$$k_2 = \frac{3EI_2}{h^3} = \frac{3 \cdot 100\,000}{5^3} = 2\,400 \text{ kN/m}.$$

Aus der Seilgleichung ( 2.34 ) erhält man unter Berücksichtigung der angenommenen Daten

$$H^3 + H^2 \cdot 75\,000 \left( 1 - \frac{30 - \Delta l}{30{,}2} \right) = \frac{75\,000}{2 \cdot 30{,}2} \cdot \frac{5^2 \cdot 30^3}{45} \,,$$

$$H^3 + H^2 \cdot 75\,000 \left( 1 - \frac{30 - \Delta l}{30{,}2} \right) = 18\,625\,828{,}0 \,.$$

Es ist zu bemerken, daß die Spannweite $l$ in ( 2.34 ) die aktuelle Seilsehnenlänge darstellt. Im vorliegenden Fall ist daher dieser Wert durch $l - \Delta l$ zu ersetzen.

Ausgangszustand
Die Seilkraft wird unter der Voraussetzung berechnet, daß die Stützkonstruktion unverformbar ist ($\Delta l = 0$). Aus der dargestellten Seilgleichung erhält man in diesem Fall $H_0 = 167{,}5$ kN.

1. Näherung:
Die auf die Stützkonstruktion wirkende Kraft $H_0$ ruft die folgenden Verschiebungen hervor:

$$\delta_1^1 = \frac{H_0}{k_1} = \frac{167{,}5}{1\,200} = 0{,}140 \text{ m} \,,$$

$$\delta_1^2 = \frac{H_0}{k_2} = \frac{167{,}5}{2\,400} = 0{,}070 \text{ m} \,.$$

Die Seilsehnenverkürzung beträgt daher

$$\Delta l_1 = \delta_1^1 + \delta_1^2 = 0{,}140 + 0{,}070 = 0{,}210 \text{ m} \,.$$

Setzt man diese Verschiebung in die Seilgleichung ein, so ergibt sich für $H_1 = 127{,}5$ kN.

2. Näherung:
Die Verschiebungen der Stützkonstruktion betragen jetzt

$$\delta_2^1 = \frac{H_1}{k_1} = \frac{127{,}5}{1\,200} = 0{,}106 \text{ m} \,,$$

$$\delta_2^2 = \frac{H_1}{k_2} = \frac{127{,}5}{2\,400} = 0{,}053 \text{ m} \,,$$

$$\Delta l_2 = 0{,}106 + 0{,}053 = 0{,}159 \text{ m} \,.$$

Die aus dieser Verschiebung erhaltene Seilkraft beträgt $H_2 = 134{,}7$ kN.

3. Näherung:

$$\delta_3^1 = \frac{134{,}7}{1\,200} = 0{,}112 \text{ m} \,,$$

$$\delta_3^2 = \frac{134{,}7}{2\,400} = 0{,}056 \text{ m} \,,$$

$$\Delta l_3 = 0{,}112 + 0{,}056 = 0{,}168 \text{ m} \rightarrow H_3 = 133{,}4 \text{ kN} \,.$$

*4. Näherung:*

$$\delta_4^1 = 0{,}111 \text{ m}, \quad \delta_4^2 = 0{,}056 \text{ m}, \quad \Delta l_4 = 0{,}167 \text{ m}, \quad H_4 = 133{,}5 \text{ kN}.$$

Nach dieser Iteration kann man die Berechnung abbrechen, da die Unterschiede zwischen den beiden letzten Ergebnissen relativ klein sind. Wie gezeigt wurde, ist die vorgestellte Methode sehr einfach und weist eine gute Konvergenz auf.

Ist die Seilkraft $H$ bekannt, so kann man den maximalen Seildurchhang $f$ aus der Gleichung

$$f = \frac{\max M}{H} = \frac{q l^2}{9\sqrt{3}H} = \frac{5 \cdot 30^2}{9\sqrt{3} \cdot 133{,}5} = 2{,}16 \text{ m}$$

berechnen.

Die auf die Stiele wirkende Kraft $H$ (Bild 2.20b) kann große Biegemomente hervorrufen. Deshalb werden sie in der Baupraxis sehr oft durch Seitenabspann-seile unterstützt, die die Verschiebungen der Stützkonstruktion stark einschrän-ken.

### *2.2.2.11 Ermittlung der erwünschten Ausgangslänge des Seiles*

Bei den bisherigen Berechnungen ging man davon aus, daß die Ausgangslänge des Seiles a priori bekannt ist. Unter dieser Voraussetzung läßt sich einfach die Seilkraft $H$ für verschiedene Lastarten aus (2.34) ermitteln. Der auf diese Weise bestimmte Endzustand des Seiles (Seilkraft $H$, Durchhang $f$) kann jedoch aus einigen Gründen unerwünscht sein. In einem solchen Fall müßte die Berechnung für eine andere Ausgangslänge wiederholt werden.

Um wiederholte Berechnungen zu vermeiden, wird in diesem Abschnitt ein Verfahren vorgestellt, das die erwünschte Ausgangslänge des Seiles in nur einem Schritt ermitteln läßt. Zunächst nimmt man bei dieser Methode den Wert von $f$ im erwünschten vorausgesetzten Endzustand des Seiles an. Dieser Wert von $f$ ermöglicht es, die Seilkraft $H$ aus (2.24) für eine angegebene Belastung leicht zu bestimmen. Mit der Kraft $H$ läßt sich dann entweder aus (2.27) oder aus (2.32) die Länge des Seiles $s$ unter der wirkenden Belastung ermitteln. Die gesuchte Ausgangslänge des Seiles $s_0$ erhält man schließlich aus der einfachen Formel

$$s_0 = s - \Delta s - \Delta s_t. \tag{2.44}$$

Hierin bedeuten:

$\Delta s$ elastische Verlängerung des Seiles nach (2.18) oder (2.28)

$\Delta s_t$ Verlängerung (Verkürzung) des Seiles infolge Temperaturänderung nach (2.13).

Die Anwendung des Verfahrens wird an einem Beispiel gezeigt.

*Beispiel 2.9.* Ein Seil mit der Spannweite $l = 60$ m soll die in Bild 2.21 dargestellte Belastung bei der Temperatur $t = 250$ K tragen. Es wird dabei angenommen, daß der maximale Durchhang des Seiles unter der wirksamen Belastung 3 m erreichen kann. Die nötige Ausgangslänge des Seiles bei der Montagetemperatur $t_0 = 225$ K ist zu ermitteln. Die Dehnsteifigkeit des Seiles $EA = 200\,000$ kN.

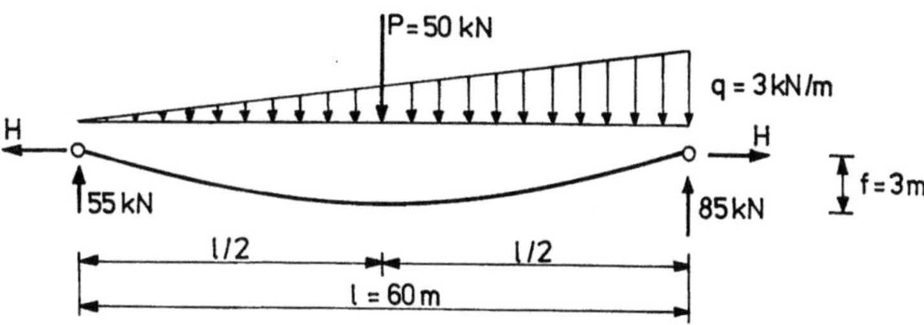


**Bild 2.21.** Seil mit Belastung

Das gedachte maximale Biegemoment tritt (wie für einen Balken um Stützweite $l$) hier in der Mitte der Spannweite $l$ auf und beträgt

$$\max M = 55 \cdot 30 - 1{,}5 \cdot 30 \cdot 0{,}5 \cdot 10 = 1\,425 \text{ kN m}.$$

Die Seilkraft $H$ ergibt demnach

$$H = \frac{\max M}{f} = \frac{1\,425}{3} = 475 \text{ kN}.$$

Die Länge des Seiles, beträgt nach (2.32)

$$s = 60 + \frac{1}{2 \cdot 475^2} \int_0^l Q^2 dx.$$

Im Anhang des Buches findet man den Wert des Integrals für die angegebene Belastung ($a = b = l/2$)

$$\int_0^l Q^2 dx = \frac{q^2 l^3}{45} + \frac{P^2 l}{4} + \frac{Pql^2}{8} = \frac{3^2 \cdot 60^3}{45} + \frac{50^2 \cdot 60}{4} + \frac{50 \cdot 3 \cdot 60^2}{8}$$

$$= 43\,200 + 37\,500 + 67\,500 = 148\,200.$$

Die Länge des Seiles beträgt daher

$$s = 60 + \frac{1}{2 \cdot 475^2} \cdot 148\,200 = 60 + 0{,}3284 = 60{,}3284 \text{ m}.$$

Die Ausgangslänge des Seiles berechnen wir aus (2.44)

$$s_0 = s - \frac{H \cdot s}{EA} - \alpha_t \Delta t s = s \left( 1 - \frac{H}{EA} - \alpha_t \Delta t \right)$$

$$= 60{,}3284 \left( 1 - \frac{475}{200\,000} - 0{,}000012 \cdot 25 \right) = 60{,}167 \text{ m}.$$

Setzt man den berechneten Wert von $s_0$ in die Seilgleichung (2.34) ein, so erhält man

$$H^3 + H^2 \cdot 200\,000 \left[ 1 - \frac{1}{60{,}167} (60 - 0{,}000012 \cdot 25 \cdot 60{,}167) \right]$$

$$= \frac{200\,000}{2 \cdot 60{,}167} \cdot 148\,200,$$

$$H^3 + 615{,}12 H^2 = 2{,}463 \cdot 10^8.$$

Die Lösung ergibt $H = 475,3$ kN. Der maximale Durchhang des Seiles beträgt

$$f = \frac{\max M}{H} = \frac{1\,425}{475,3} = 2,998 \text{ m}.$$

Die kleinen, beim umgekehrten Vorgehen auftretenden Unterschiede entstehen dadurch, daß die aus (2.44) berechneten Werte von $\Delta s$ und $\Delta s_t$ auf der Endseillänge $s$, und nicht auf $s_0$ basieren. Dadurch wird die nötige Ausgangslänge $s_0$ etwas zu klein ermittelt. Die errechneten Unterschiede haben jedoch keine praktische Bedeutung.

## 2.3 Seile mit schrägen Sehnen

In der Baupraxis finden oft Seile mit schrägen Sehnen Anwendung. Man verwendet sie z.B. für verschiedene Abspannungen. Sie können auch als Tragelemente für Hängedachkonstruktionen dienen. In diesem Abschnitt wird die Seilgleichung für Seile mit schrägen Sehnen hergeleitet, wodurch sich die Seilkraft unter dem Einfluß beliebiger Belastungen bestimmen läßt. Die praktischen Anwendungen dieser Seilgleichung werden an einigen Zahlenbeispielen erläutert.

### 2.3.1 Wirkung der vertikalen Belastung

#### 2.3.1.1 Allgemeine Beziehungen

Es sei ein Seil unter der Belastung $q(x)$ gegeben (Bild 2.22). Die Auflagerkräfte werden hier in Form einer in der Seilsehnenrichtung wirkenden Kraft $S$ und der vertikalen Kräfte $R_A$ und $R_B$ angenommen. Eine solche Annahme der Auflager-

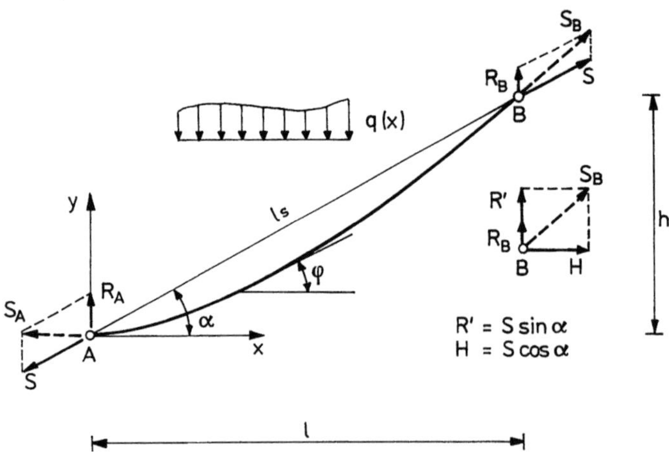


**Bild 2.22.** Seil mit Bezeichnungen

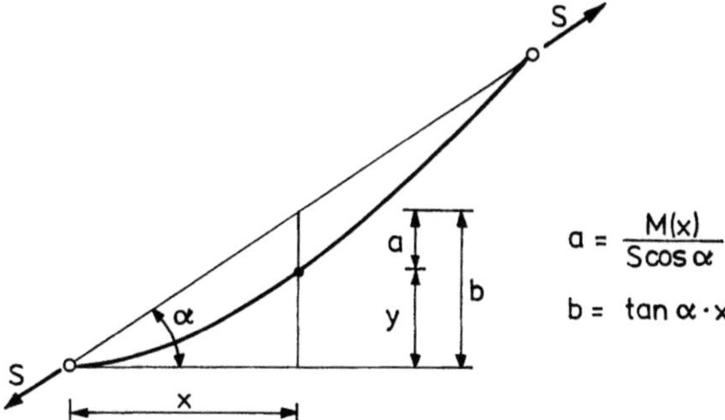


**Bild 2.23.** Darstellung der Seilordinate $y$

kräfte hat den Vorteil, daß die vertikalen Kräfte $R_A$ und $R_B$ dieselben Werte wie für den Balken um Stützweite $l$ haben.

Für das in Bild 2.22 dargestellte schräge Seil gilt die allgemeine Beziehung

$$M - S \sin \alpha \cdot x + S \cos \alpha \cdot y = 0, \tag{2.45}$$

wobei $M$ Momentlinie infolge der Belastung $q(x)$ (wie für den Balken um Stützweite $l$) ist.

Gleichung (2.45) drückt die Bedingung aus, daß das Biegemoment in jedem Punkt des Seiles gleich Null ist. Die Auflösung dieser Gleichung nach $y$ ergibt

$$y = \tan \alpha \cdot x - \frac{M}{S \cos \alpha}. \tag{2.46}$$

Die graphische Darstellung von (2.46) wird in Bild 2.23 gezeigt. Ist die Seilkraft $S$ bekannt, so kann man aus (2.46) alle Ordinaten des Seiles ermitteln. Die maximale Zugkraft im Seil ist dann aus der einfachen Formel

$$\max S = S_B = \sqrt{(S \cos \alpha)^2 + (R_B + S \sin \alpha)^2} \tag{2.47}$$

zu berechnen.

Zur Herleitung der Seilgleichung, mit der sich die Seilkraft $S$ bestimmen läßt, wird hier — ähnlich wie im Abschn. 2.2.2.2 — die Methode der Querkräfte angewendet.

### 2.3.1.2 Herleitung der Seilgleichung mit Hilfe der Methode der Querkräfte

Grundlage der Seilgleichung ist das Verhältnis zwischen den Seillängen im Ausgangs- und Endzustand. Die Länge des Seiles $s$ im Endzustand errechnet sich aus der Gl. (2.25). In dieser Gleichung ist jetzt die Ableitung der Funktion nach (2.46) zu berücksichtigen.

$$y' = \tan \alpha - \frac{1}{S \cos \alpha} \cdot \frac{\mathrm{d}M}{\mathrm{d}x} = \tan \alpha - \frac{Q}{S \cos \alpha}, \tag{2.48}$$

wobei $Q$ Gleichung der gedachten Querkraft infolge der Belastung $q(x)$ (wie für den Balken um Stützweite $l$) ist.

Setzt man (2.48) in (2.25) ein, so ergibt sich

$$s = \int\limits_0^l \sqrt{1 + \left(\tan\alpha - \frac{Q}{S\cos\alpha}\right)^2}\, \mathrm{d}x\,. \qquad (2.49)$$

Die elastische Verlängerung des Seiles, (2.11), beträgt

$$\Delta s = \frac{S\cos\alpha}{EA} \int\limits_0^l \left[1 + \left(\tan\alpha - \frac{Q}{S\cos\alpha}\right)^2\right] \mathrm{d}x\,. \qquad (2.50)$$

Gleichung (2.10) nimmt unter Berücksichtigung von (2.13), (2.49) und (2.50) folgende Form an:

$$\int\limits_0^l \sqrt{1 + \left(\tan\alpha - \frac{Q}{S\cos\alpha}\right)^2}\, \mathrm{d}x$$

$$= s_0(1 + \alpha_t \Delta t) + \frac{S\cos\alpha}{EA} \int\limits_0^l \left[1 + \left(\tan\alpha - \frac{Q}{S\cos\alpha}\right)^2\right] \mathrm{d}x\,. \qquad (2.51)$$

Gleichung (2.51) ist die exakte Seilgleichung. Sie gilt für beliebige vertikale Belastungen $q(x)$ und berücksichtigt beliebig große Seildurchhänge. Ihre Anwendung bereitet in der Praxis jedoch einige Schwierigkeiten, da die Lösung nur auf dem Weg der numerischen Integration möglich ist. Um die praktischen Berechnungen zu erleichtern, wird noch eine Näherungsform von (2.51) hergeleitet.

### 2.3.1.3 Näherungsform der Seilgleichung

Bei schrägen Seilen kann (2.31) für die Ermittlung der Seillänge nicht benutzt werden. Diese Gleichung gilt bekanntlich nur für kleine Werte von $y'$. Bei schrägen Seilen kann der Wert $y' = \tan\varphi$ (Bild 2.22) sogar größer als 1,0 sein. Die Berücksichtigung einer Anzahl von Gliedern der Gleichung (2.30) reicht auch nicht aus. Aus diesem Grund wird hier eine Näherungsformel für die Seillänge nach [3] angenommen, die nach vielen experimentellen Untersuchungen bestimmt wurde:

$$s = l_\mathrm{s} + \frac{\cos\alpha}{2S^2} \int\limits_0^l Q^2 \mathrm{d}x\,, \qquad (2.52)$$

wobei $l_\mathrm{s} = $ Länge der Seilsehne (Bild 2.22).

Die elastische Verlängerung des Seiles kann näherungsweise in der Form

$$s = \frac{S \cdot s_0}{EA} \qquad (2.53)$$

dargestellt werden.

Setzt man (2.13), (2.52) und (2.53) in (2.10) ein, so ergibt sich

$$l_\mathrm{s} + \frac{\cos\alpha}{2S^2} \int\limits_0^l Q^2 \mathrm{d}x = s_0(1 + \alpha_t \Delta t) + \frac{S \cdot s_0}{EA}\,. \qquad (2.54)$$

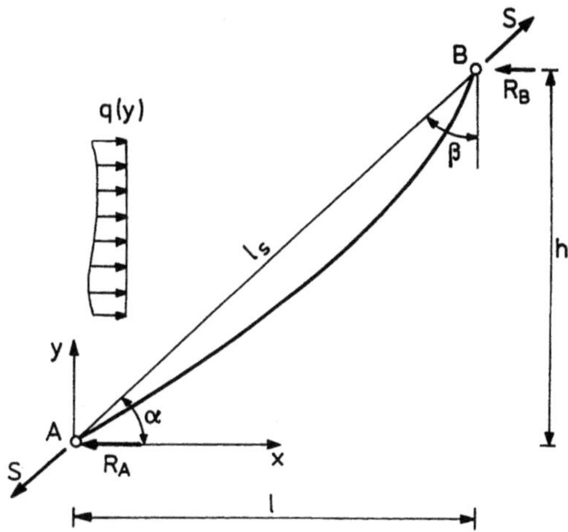

**Bild 2.24.** Seil unter horizontaler Belastung

Nach einigen Umformungen von (2.54) erhält man

$$S^3 + S^2 EA\left[1 - \frac{1}{s_0}(l_\mathrm{s} - \alpha_\mathrm{t}\Delta t s_0)\right] = \frac{EA\cos\alpha}{2s_0}\int_0^l Q^2 \mathrm{d}x. \qquad (2.55)$$

Bildet die Seilsehne mit der Horizontalebene den Winkel $\alpha = 0$, so fallen (2.55) und (2.34) zusammen. Im Sonderfall für $q(x) = q = \mathrm{const}$ geht (2.55) über in

$$S^3 + S^2 EA\left[1 - \frac{1}{s_0}(l_\mathrm{s} - \alpha_\mathrm{t}\Delta t s_0)\right] = \frac{EA\cos\alpha q^2 l^3}{24 s_0}. \qquad (2.56)$$

Wirkt die Belastung $q(y)$ in der horizontalen Richtung (Bild 2.24), so nimmt (2.55) folgende Form an:

$$S^3 + S^2 EA\left[1 - \frac{1}{s_0}(l_\mathrm{s} - \alpha_\mathrm{t}\Delta t s_0)\right] = \frac{EA\cos\beta}{2s_0}\int_0^h Q^2 \mathrm{d}y. \qquad (2.57)$$

Die horizontale Belastung kann man also genauso wie die vertikale Belastung betrachten. Nur ist die Spannweite des Seiles $l$ in diesem Fall durch $h$ zu ersetzen.

### 2.3.1.4 Vergleich der Näherungsgleichung mit der exakten Seilgleichung

Es ist in der Praxis wichtig zu wissen, wann die exakte Seilgleichung (2.51) durch die Näherungsgleichung (2.55) ersetzt werden kann. Dieses Problem wird hier mit Hilfe eines Beispiels diskutiert.

*Beispiel 2.10.* Für das in Bild 2.25 dargestellte Seil ist die Kraft $S$ unter Berücksichtigung des variablen Winkels $\alpha$ und des veränderlichen Verhältnisses $s_0/l_\mathrm{s}$ zu ermitteln.

Angenommene Daten:

$$q = 1{,}0 \text{ kN/m}, \ EA = 50\,000 \text{ kN},$$

$$\alpha = 15° - 60°, \ s_0/l_\mathrm{s} = 1{,}001 - 1{,}050.$$

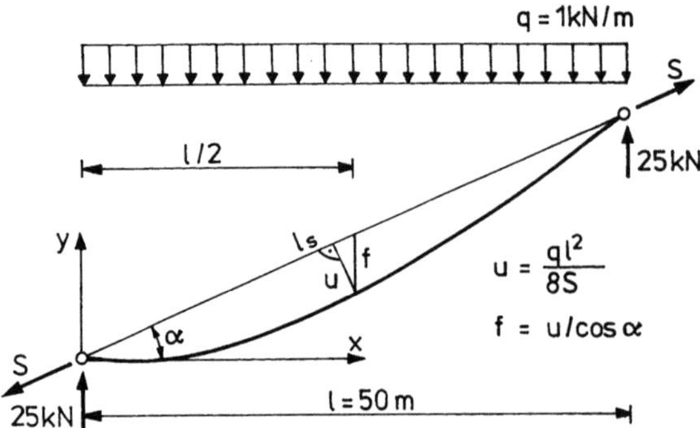


**Bild 2.25.** Seil mit Belastung und Bezeichnungen

**Tabelle 2.5.** Vergleich der Näherungslösung (untere Werte) mit der exakten Lösung (obere Werte)

| $s_0/l_s$ | $\alpha$ | | | | | | | |
|---|---|---|---|---|---|---|---|---|
| | 15° | | 30° | | 45° | | 60° | |
| | $S$ | $u/l_s$ | $S$ | $u/l_s$ | $S$ | $u/l_s$ | $S$ | $u/l_s$ |
| 1,0010 | 153,8 | 0,039 | 142,3 | 0,038 | 122,8 | 0,036 | 95,3 | 0,033 |
| | 154,2 | 0,039 | 142,4 | 0,038 | 122,7 | 0,036 | 94,8 | 0,033 |
| 1,0025 | 135,8 | 0,044 | 125,0 | 0,043 | 106,3 | 0,042 | 80,6 | 0,039 |
| | 136,2 | 0,044 | 124,9 | 0,043 | 106,0 | 0,042 | 79,7 | 0,039 |
| 1,0050 | 114,8 | 0,053 | 104,7 | 0,052 | 88,2 | 0,050 | 65,8 | 0,047 |
| | 115,2 | 0,053 | 104,8 | 0,052 | 87,7 | 0,050 | 64,3 | 0,048 |
| 1,0100 | 90,2 | 0,067 | 81,8 | 0,066 | 68,4 | 0,064 | 50,9 | 0,061 |
| | 90,6 | 0,067 | 81,9 | 0,066 | 67,6 | 0,065 | 48,6 | 0,064 |
| 1,0250 | 60,3 | 0,100 | 54,7 | 0,099 | 46,1 | 0,096 | 35,2 | 0,089 |
| | 60,8 | 0,099 | 54,6 | 0,099 | 44,7 | 0,099 | 31,8 | 0,098 |
| 1,0500 | 42,9 | 0,141 | 39,3 | 0,138 | 33,6 | 0,132 | 26,9 | 0,116 |
| | 43,6 | 0,138 | 39,1 | 0,139 | 32,0 | 0,139 | 22,6 | 0,138 |

Bei der numerischen Integration von (2.51) mit Hilfe eines Computers wurden 100 Intervalle ($\Delta x = 0{,}01 \cdot l$) angenommen. Die Ergebnisse der Berechnungen sind in Tabelle 2.5 zusammengestellt. Die Werte über dem Strich entsprechen der exakten Lösung, die unter dem Strich der Näherungslösung.

    Aus diesen Ergebnissen kann man folgern:

1. Für kleine Werte von $\alpha$ ergibt die Näherungsgleichung (2.55) gegenüber der exakten Lösung, Ergebnisse mit einem kleinen Überschuß. Bei großem Neigungswinkel zwischen Seilsehne und Horizontalebene erhält man dagegen etwas kleinere Werte für die Seilkraft $S$.
2. Die Unterschiede zwischen beiden Lösungen hängen nicht nur vom Neigungswinkel $\alpha$ ab, sondern auch vom bezogenen Seildurchhang $u/l_s$. Ist das

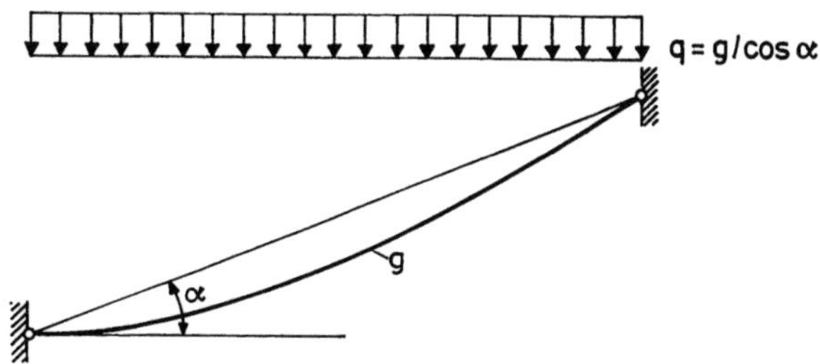


**Bild 2.26.** Berücksichtigung des Seileigengewichts

Verhältnis $u/l_s$ kleiner als 0,05, so haben diese Unterschiede keine große praktische Bedeutung.

Der bezogene Seildurchhang $u/l_s$ hängt in der Baupraxis vom Neigungswinkel $\alpha$ ab. Je größer dieser Winkel ist, desto kleiner ist das Verhältnis $u/l_s$. Bei Abspannseilen beispielsweise beträgt dieses Verhältnis zwischen 0,02 und 0,05.

Die oben vorgestellten Schlußfolgerungen gelten auch für andere Belastungsarten. Die nachgewiesenen Unterschiede zwischen beiden Lösungen sind vor allem auf den Winkel $\alpha$ und das Verhältnis $u/l_s$, nicht aber auf die Art der Belastung zurückzuführen. In Anlehnung an die hier durchgeführte Analyse ist also festzustellen, daß die Näherungsgleichung (2.55) für praktische Bedürfnisse fast immer hinreichend ist.

### 2.3.1.5 Berücksichtigung des Seileigengewichts

In Abschn. 2.2.1.3 wurde nachgewiesen, daß das Eigengewicht des Seiles bei Seilen mit kleinem Durchhang ($f/l \leq 0,1$) durch eine gleichmäßig verteilte Belastung zu ersetzen ist. Diese Feststellung trifft für Seile mit schrägen Sehnen umso mehr zu, weil diese in der Regel kleinere Durchhänge haben. Der Neigungswinkel der Seilsehne muß hier jedoch berücksichtigt werden. Das Eigengewicht $g$ des schrägen Seiles kann also durch $q = g/\cos \alpha$ ersetzt werden (Bild 2.26).

### 2.3.1.6 Ersetzung der vertikalen Belastung durch die senkrecht zur Seilsehne wirkende Belastung

Es sei ein Seil unter der Belastung $q(x)$ gegeben (Bild (2.27). Die Projektion dieser Belastung senkrecht zur Seilsehne beträgt

$$q'(t) = q(x) \cdot \cos^2\alpha. \tag{2.58}$$

Die Seilgleichung (2.55) hat für diese Belastung in den Koordinaten $t$, $v$ (Bild 2.27) folgende Form:

$$S^3 + S^2 EA \left[ 1 - \frac{1}{s_0}(l_s - \alpha_t \Delta t s_0) \right] = \frac{EA}{2s_0} \int_0^{l_s} Q'^2 \mathrm{d}t. \tag{2.59}$$

Die linken Seiten von (2.55) und (2.59) sind gleich. Wir wollen beweisen, daß die rechten Seiten dieser Gleichungen ebenfalls gleich sind.

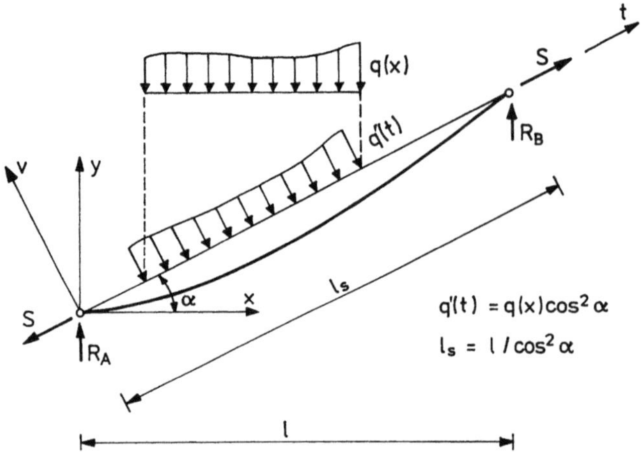



**Bild 2.27.** Ersetzung der Belastung $q(x)$ durch die Belastung $q'(t)$

Im Sonderfall für $q(x) = q$ und $q'(t) = q \cdot \cos^2\alpha$ beträgt die rechte Seite von (2.59)

$$\frac{EA}{2s_0} \int_0^{l_s} Q'^2 \mathrm{d}t = \frac{EA}{2s_0} \cdot \frac{(q\cos^2\alpha)^2 \cdot l_s^3}{12} = \frac{EA}{2s_0} \cdot \frac{q^2 \cos^4\alpha l^3}{12\cos^3\alpha}$$

$$= \frac{EA\cos\alpha}{2s_0} \cdot \frac{q^2 l^3}{12} \, . \tag{2.60}$$

Gleichung (2.60) und die rechte Seite von (2.55) für $q = $ const sind gleich. Da die linken und rechten Seiten von (2.55) und (2.59) gleich sind, sind diese Gleichungen gleichwertig. Die für $q = $ const nachgewiesene Gleichwertigkeit beider Gleichungen gilt auch für andere Belastungsarten.

Aus dem Dargestellten kann man folgenden wichtigen Schluß ziehen: Die Seilkraft $S$ läßt sich entweder aus (2.55) in den Koordinaten $x$, $y$ unter Berücksichtigung der Belastung $q(x)$ oder aus (2.59) in den Koordinaten $v$, $t$ unter Berücksichtigung der Ersatzbelastung $q'(t)$ ermitteln. Jedoch sind die Belastungen $q(x)$ und $q'(t)$ nicht gleichwertig, da die Belastung $q'(t)$ nur eine Komponente der Belastung $q(x)$ berücksichtigt. Aus diesem Grund sollen die Auflagerkräfte ($R_A$, $R_B$) und die Ordinaten des Seiles in den Koordinaten $x$, $y$ bestimmt werden.

*Beispiel 2.11.* Für das in Bild 2.28 dargestellte Seil ist die maximale Seilkraft zu ermitteln. Die Lasten und Abmessungen können dem Bild entnommen werden.

Dehnsteifigkeit des Seiles $EA = 150\,000\,\mathrm{kN}$, die Ausgangslänge des Seiles $s_0 = 78{,}0\,\mathrm{m}$; angenommene Belastung $q = 4\,\mathrm{kN/m}$, $P = 20\,\mathrm{kN}$.

Die rechte Seite (2.55) ergibt (vgl. Anhang des Buches)

$$\frac{EA\cos\alpha}{2s_0} \int_0^l Q^2 \mathrm{d}x = \frac{EA\cos\alpha}{2s_0} \left[ \frac{P^2 ab}{l} + \frac{q^2 l^3}{45} + \frac{Pqal}{3} \left( 1 - \frac{a^2}{l^2} \right) \right]$$

$$= \frac{150\,000 \cdot 0{,}6428}{2 \cdot 78} \left[ \frac{20^2 \cdot 25 \cdot 25}{50} + \frac{4^2 \cdot 50^3}{45} + \frac{20 \cdot 4 \cdot 25 \cdot 50}{3} (1 - 0{,}25) \right]$$

$$= 4{,}601 \cdot 10^7 \, .$$

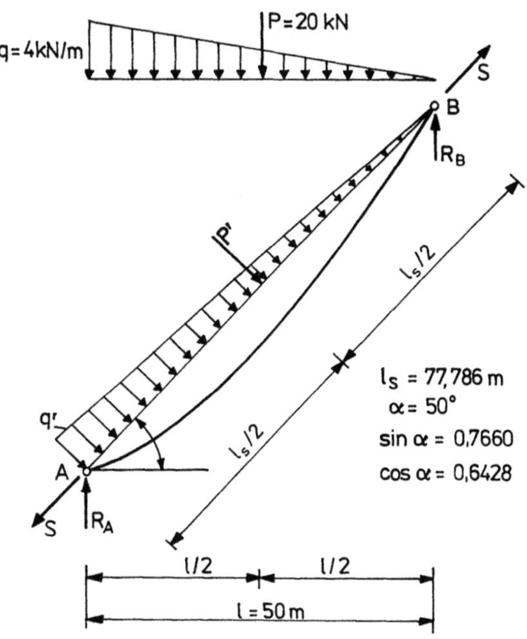


**Bild 2.28.** Seil mit Belastungen

Gleichung (2.55) hat also hier die Form

$$S^3 + S^2 \cdot 150\,000 \left( 1 - \frac{77,786}{78} \right) = 4,601 \cdot 10^7 \,.$$

Die Lösung der Gleichung ergibt $S = 261,5\ \text{kN}$.
  Berücksichtigung der Ersatzbelastung

$$q' = 4 \cdot \cos^2\alpha = 4 \cdot 0,6428^2 = 1,653\ \text{kN/m}\,,$$

$$P' = P \cdot \cos\alpha = 20 \cdot 0,6428 = 12,856\ \text{kN}\,.$$

Die rechte Seite von (2.59) ergibt

$$\frac{EA}{2s_0} \int\limits_0^{l_s} Q'^2 \mathrm{d}t = \frac{EA}{2s_0} \left[ \frac{P'ab}{l_s} + \frac{q'^2 l_s^3}{45} + \frac{P'q'al_s}{3} \left( 1 - \frac{a^2}{l_s^2} \right) \right]$$

$$= \frac{150\,000}{2 \cdot 78} \left[ \frac{12,856^2 \cdot 38,893^2}{77,786} + \frac{1,653^2 \cdot 77,786^3}{45} \right.$$

$$\left. + \frac{12,856 \cdot 1,653 \cdot 38,893 \cdot 77,786}{3} (1 - 0,25) \right] = 4,602 \cdot 10^7 \,.$$

Die kleinen Unterschiede zwischen den rechten Seiten beider Gleichungen
entstehen durch Abrundung von cos α. Die Lösung von (2.59) liefert daher auch
$S = 261,5\ \text{kN}$.
  Das vorgestellte Zahlenbeispiel wurde unter Berücksichtigung der exakten
Gl. (2.51) nachgerechnet mit dem Ergebnis $S = 267,3\ \text{kN}$. Die Näherungslösung

( um 2 % kleinere Kraft von $S$ ) ist demnach für die Praxis hinreichend genau. Die vertikalen Auflagerkräfte betragen

$$R_A = \frac{ql}{3} + \frac{P}{2} = \frac{4 \cdot 50}{3} + \frac{20}{2} = 76{,}67 \text{ kN} \,,$$

$$R_B = \frac{ql}{6} + \frac{P}{2} = \frac{4 \cdot 50}{6} + \frac{20}{2} = 43{,}33 \text{ kN} \,.$$

Die maximale Seilkraft, (2.47),

$$\max S = \sqrt{(261{,}5 \cdot 0{,}6428)^2 + (43{,}33 + 261{,}5 \cdot 0{,}766)^2} = 296{,}0 \text{ kN} \,.$$

### 2.3.2 Wirkung einer beliebigen Belastung in der Seilebene

Es sei ein Seil unter Wirkung der Belastungen $q(x)$ und $q(y)$ gegeben (Bild 2.29). In Anlehnung an die in Abschn. 2.3.1.6 vorgestellten Betrachtungen können beide Belastungen durch eine senkrecht zur Seilsehne wirkende Belastung

$$q'(t) = q(x) \cos^2\alpha + q(y) \sin^2\alpha \qquad (2.61)$$

ersetzt werden. Die Seilkraft $S$ ist dann aus (2.59) zu ermitteln.

Die Belastung $q'(t)$ ist mit den Belastungen $q(x)$ und $q(y)$ ebenfalls nicht gleichwertig, da sie nur einige Komponenten von $q(x)$ und $q(y)$ berücksichtigt. Die Ersatzbelastung $q'(t)$ kann nur zur Bestimmung der Seilkraft $S$ benutzt werden. Ist diese Kraft bekannt, sind die maximale Seilkraft und die Ordinaten des

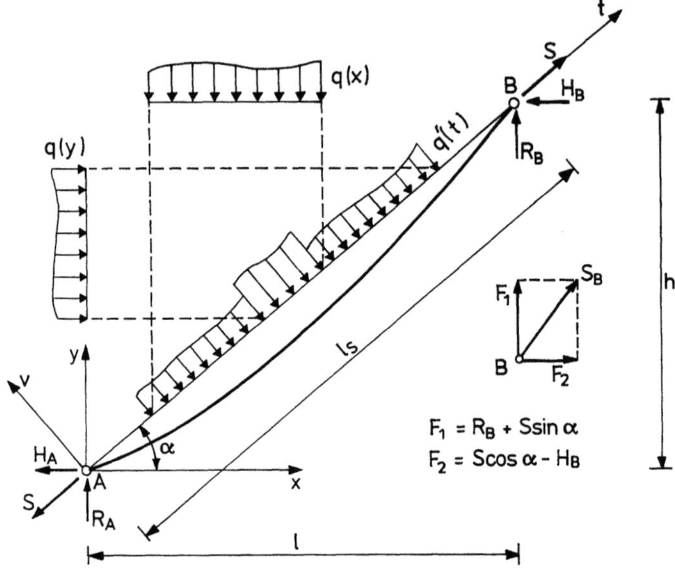


**Bild 2.29.** Ersetzung der Belastungen $q(x)$ und $q(y)$ durch die Belastung $q'(t)$

 

Seiles im Koordinatensystem $x$, $y$ leicht zu ermitteln. Es gilt (Bild 2.29)

$$S_A = \sqrt{(R_A - S \sin \alpha)^2 + (H_A + S \cos \alpha)^2}\,, \tag{2.62}$$

$$S_B = \sqrt{(R_B + S \sin \alpha)^2 + (S \cos \alpha - H_B)^2}\,. \tag{2.63}$$

Je nach der Größe der Belastungen $q(x)$ und $q(y)$ ist eine von diesen Kräften die maximale Seilkraft.

Die Ordinaten des Seiles sind unter Berücksichtigung der Bedingung zu ermitteln, daß das Biegemoment in jedem Punkt des Seiles gleich Null ist. Diese Bedingung führt zur Gleichung

$$M_x + M_y + S \cos \alpha \cdot y - S \sin \alpha \cdot x\,. \tag{2.64}$$

Hierin bedeuten:

$M_x$ Momentengleichung infolge von Belastung $q(x)$ (wie für den Balken um Stützweite $l$),

$M_y$ Momentengleichung infolge von Belastung $q(y)$ (wie für den Balken um Stützweite $h$).

Im Sonderfall, für $q(x) = q$ und $q(y) = w$, erhält man

$$M_x = \frac{ql}{2} \cdot x - \frac{qx^2}{2}\,, \tag{2.65}$$

$$M_y = \frac{wh}{2} \cdot y - \frac{wy^2}{2}\,. \tag{2.66}$$

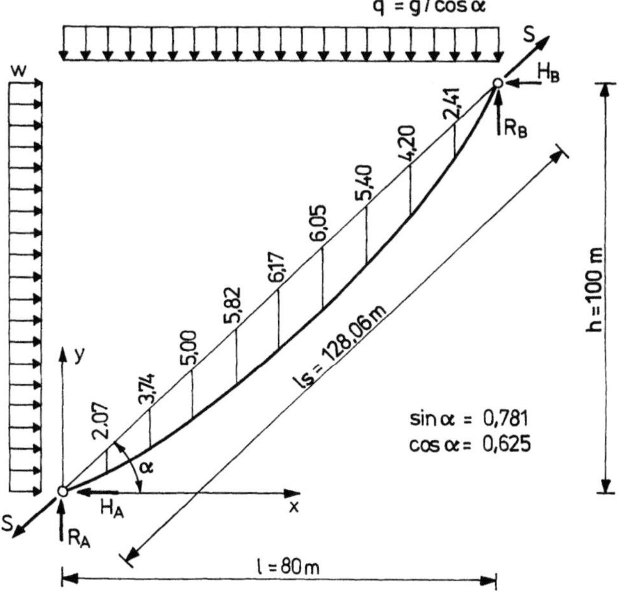


**Bild 2.30.** Seil mit Belastungen und Bezeichnungen

Setzt man (2.65) und (2.66) in (2.64) ein, so erhält man eine Gleichung 2. Grades, mit deren Hilfe man die Ordinaten $y$ des Seildurchhangs bestimmen kann. Die Anwendung des Dargestellten wird an einem Beispiel gezeigt.

*Beispiel 2.12.* Für das in Bild 2.30 dargestellte Seil sind die maximale Seilkraft und die Ordinaten des Seildurchhangs zu ermitteln.

Angenommene Daten:
— Eigengewicht des Seiles $g = 0,3$ kN/m,
— Windbelastung $w = 0,2$ kN/m,
— $EA = 120\,000$ kN, $s_0 = 128,2$ m.
Die übrigen Daten können dem Bild entnommen werden.

Vertikale Belastung

$$q = g/\cos\alpha = \frac{0,3}{0,625} = 0,48 \text{ kN/m} .$$

Ersatzbelastung

$$q'(t) = q\cos^2\alpha + w\sin^2\alpha = 0,48 \cdot 0,625^2 + 0,2 \cdot 0,781^2 = 0,3095 \text{ kN/m} .$$

Gleichung (2.59) nimmt hier folgende Form an:

$$S^3 + S^2 \cdot 120\,000\left(1 - \frac{128,06}{128,2}\right) = \frac{120\,000}{2 \cdot 128,2} \cdot \frac{0,3095^2 \cdot 128,06^3}{12} ,$$

$$S^3 + 131,045 S^2 = 7,846 \cdot 10^6 .$$

Die Lösung der Gleichung ergibt für $S = 163,3$ kN. Die Auflagerkräfte betragen

$$R_A = R_B = \frac{ql}{2} = \frac{0,48 \cdot 80}{2} = 19,2 \text{ kN} ,$$

$$H_A = H_B = \frac{wh}{2} = \frac{0,2 \cdot 100}{2} = 10,0 \text{ kN} .$$

Die maximale Seilkraft beträgt nach (2.63)

$$\max S = S_B = \sqrt{(19,2 + 163,3 \cdot 0,781)^2 + (163,3 \cdot 0,625 - 10)^2} = 173,2 \text{ kN}$$

Gleichung (2.64) hat hier folgende Form:

$$19,2 \cdot x - 0,24 \cdot x^2 + 10 \cdot y - 0,1 \cdot y^2 + 163,3 \cdot 0,625 \cdot y - 163,3 \cdot 0,781 \cdot x = 0 .$$

Man erhält

$$0,1 \cdot y^2 - 112,06 \cdot y + 0,24 \cdot x^2 + 108,34 \cdot x = 0 .$$

Die aus dieser Gleichung berechneten Ordinaten $y(m)$ für einige Werte von $x$ sind in Bild 2.30 aufgetragen.

### 2.3.3 Wirkung einer zusätzlichen Belastung senkrecht zur Seilebene

#### *2.3.3.1 Voraussetzungen*

Es sei ein Seil unter Wirkung der drei Belastungsarten $q(x), q(y), q_z(t)$ gegeben
( Bild 2.31 ). Folgende Voraussetzungen gelten:
— die Endknoten des Seiles befinden sich in der Ebene $x, y$,
— die Ebene $t, v$ deckt sich mit der Ebene $x, y$,
— die Belastungen $q(x)$ und $q(y)$ werden durch die Belastung $q'(t)$ nach
  ( 2.61 ) ersetzt,
— die Belastung $q_z(t)$ wirkt senkrecht zur Ebene $x, y$ längs der Seilsehne,
— die Auflagerkräfte $R_A$, $R_B$, $H_A$, $H_B$, $V_A$ und $V_B$ entstehen infolge der
  Belastungen $q(x), q(y)$ und $q_z(t)$ (wie für den Balken mit Stützweiten $l, h,$
  $l_s$).

#### *2.3.3.2 Herleitung der Seilgleichung*

Die Länge des Seiles wird als die Länge einer räumlichen Kurve durch die Formel

$$s = \int_0^{l_s} \sqrt{1 + \left(\frac{dv}{dt}\right)^2 + \left(\frac{dz}{dt}\right)^2}\, dt \approx \int_0^{l_s} \left(1 + \frac{1}{2}\left(\frac{dv}{dt}\right)^2 + \frac{1}{2}\left(\frac{dz}{dt}\right)^2\right) dt \tag{2.67}$$

bestimmt.

Die Ableitungen $\dfrac{dv}{dt}$ und $\dfrac{dz}{dt}$ kann man durch die entsprechenden Querkräfte
ausdrücken ( vgl. Abschn. 2.2.2.2 )

$$\frac{dv}{dt} = \frac{Q'}{S} \quad \text{und} \quad \frac{dz}{dt} = \frac{Q_z}{S}. \tag{2.68}$$

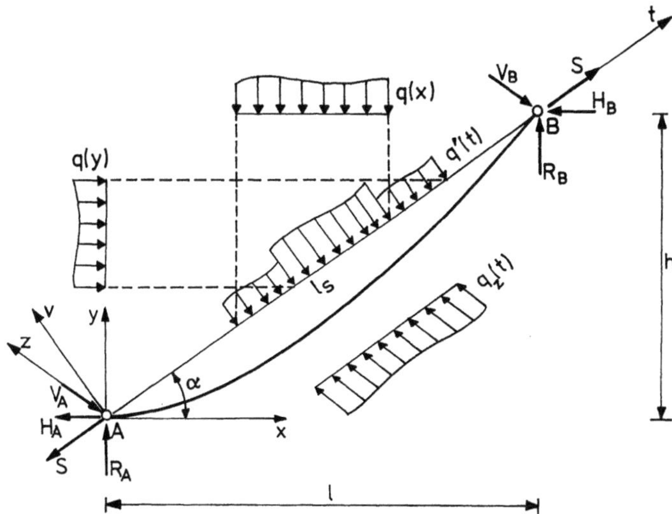


**Bild 2.31.** Allgemeinzustand der Seilbelastung

Hierin bedeuten:

$Q'$  Querkraftgleichung infolge von Belastung $q'(t)$ (wie für den Balken um Stützweite $l_s$),

$Q_z$  wie oben infolge von Belastung $q_z(t)$.

Setzt man (2.68) in (2.67) ein, so erhält man

$$s = \int_0^{l_s} \left[ 1 + \frac{1}{2S^2} (Q'^2 + Q_z^2) \right] dt = l_s + \frac{1}{2S^2} \int_0^{l_s} (Q'^2 + Q_z^2) dt . \qquad (2.69)$$

Die Beziehung (2.10) mit (2.13), (2.53) und (2.69) nimmt folgende Form an:

$$l_s + \frac{1}{2S^2} \int_0^{l_s} (Q'^2 + Q_z^2) dt = s_0 (1 + \alpha_t \Delta t) + \frac{S \cdot s_0}{EA} . \qquad (2.70)$$

Nach einigen Umformungen von (2.70) erhält man

$$S^3 + S^2 EA \left[ 1 - \frac{1}{s_0} (l_s - \alpha_t \Delta t s_0) \right] = \frac{EA}{2s_0} \int_0^{l_s} (Q'^2 + Q_z^2) dt . \qquad (2.71)$$

Die Seilkräfte $S_A$ und $S_B$ sind aus den folgenden Formeln zu bestimmen:

$$S_A = \sqrt{(R_A - S \sin \alpha)^2 + (H_A + S \cos \alpha)^2 + V_A^2} , \qquad (2.72)$$

$$S_B = \sqrt{(R_B + S \sin \alpha)^2 + (S \cos \alpha - H_B)^2 + V_B^2} . \qquad (2.73)$$

Eine dieser Kräfte ist, je nach der Größe der Belastungen $q(x)$, $q(y)$ und $q_z(t)$, die maximale Seilkraft.

*Beispiel 2.13.* Auf das in Bild 2.32 dargestellte Seil wirken folgende Belastungen: $q_x = 2{,}0\,\text{kN/m}$, $q_y = 1{,}0\,\text{kN/m}$, $q_z = 0{,}5\,\text{kN/m}$. Die Ausgangslänge des Seiles be-

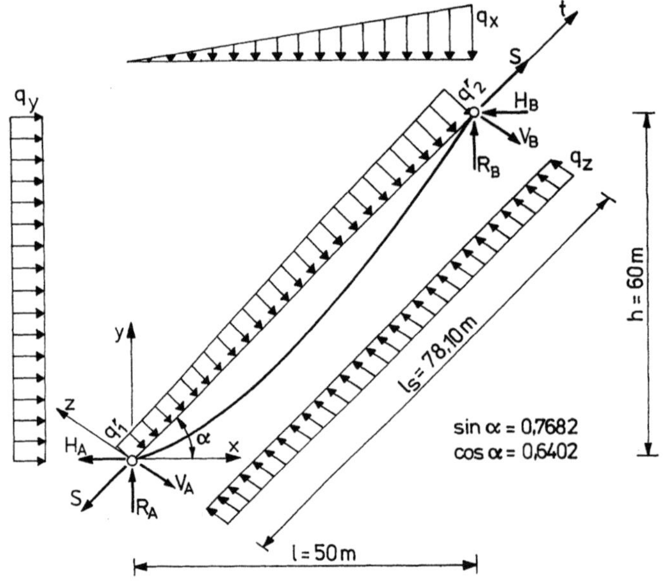


**Bild 2.32.** Seil mit Belastungen

trägt $s_0 = 78,5\,\text{m}$ und seine Dehnsteifigkeit $EA = 150\,000\,\text{kN}$. Die maximale Seilkraft ist zu berechnen. Die Abmessungen sind dem Bild zu entnehmen. Die Ersatzbelastung beträgt nach (2.61)

$$q'_1 = q_y \sin^2\alpha = 1,0 \cdot 0,7682^2 = 0,59\,\text{kN/m},$$

$$q'_2 = q_x \cos^2\alpha + q_y \sin^2\alpha = 2,0 \cdot 0,6402^2 + 1,0 \cdot 0,7682^2 = 1,41\,\text{kN/m}.$$

Die Werte der Integrale von (2.71) betragen (vgl. Anhang):

$$\int_0^{l_s} Q'^2 dt = \frac{q'^2_1 l^3_s}{45} + \frac{q'^2_2 l^3_s}{45} + \frac{q'_1 \cdot q'_2 \cdot l^3_s}{25,71}$$

$$= \frac{0,59^2 \cdot 78,1^3}{45} + \frac{1,41^2 \cdot 78,1^3}{45} + \frac{0,59 \cdot 1,41 \cdot 78,1^3}{25,71} = 40\,143,2$$

$$\int_0^{l_s} Q^2_z dt = \frac{q^2_z \cdot l^3_s}{12} = \frac{0,5^2 \cdot 78,1^3}{12} = 9\,924,6.$$

Aus (2.71) erhält man daher

$$S^3 + S^2 \cdot 150\,000 \left(1 - \frac{78,1}{78,5}\right) = \frac{150\,000}{2 \cdot 78,5} (40\,143,2 + 9\,924,6),$$

$$S^3 + 764,33\,S^2 = 4,784 \cdot 10^7.$$

Die Lösung der Gleichung ergibt für $S = 220,4\,\text{kN}$.

Berechnung der Auflagerkräfte:

$$R_A = \frac{q_x l}{6} = \frac{2 \cdot 50}{6} = 16,67\,\text{kN},$$

$$R_B = \frac{q_x l}{3} = \frac{2 \cdot 50}{3} = 33,33\,\text{kN},$$

$$H_A = H_B = \frac{q_y h}{2} = \frac{1 \cdot 60}{2} = 30,0\,\text{kN},$$

$$V_A = V_B = \frac{q_z l_s}{2} = \frac{0,5 \cdot 78,1}{2} = 19,53\,\text{kN}.$$

Die Kräfte $S_A$ und $S_B$ betragen nach (2.72) und (2.73)

$$S_A = \sqrt{(16,67 - 220,4 \cdot 0,7682)^2 + (30 + 220,4 \cdot 0,6402)^2 + 19,53^2}$$
$$= 230,1\,\text{kN},$$

$$S_B = \sqrt{(33,33 + 220,4 \cdot 0,7682)^2 + (220,4 \cdot 0,6402 - 30)^2 + 19,53^2}$$
$$= 231,9\,\text{kN}.$$

Die maximale Seilkraft beträgt demnach

$$\max S = S_B = 231,9\,\text{kN}.$$

Diese Kraft ist nur um etwa 5 % größer als die Kraft $S$ in Richtung der Seilsehne. Die Unterschiede zwischen diesen Kräften sind bei schrägen Seilen i.d.R.

**Bild 2.33.** Seildurchhang $f$ unter Belastungen $q(x)$, $q(y)$ und $q_z(t)$

verhältnismäßig klein. Die Kraft $S$ kann in der Baupraxis also oft mit der maximalen Seilkraft gleichgesetzt werden, insbesondere bei Seilen mit kleinem Durchhang.

Unter Vernachlässigung der Belastung $q_z = 0,5\,\text{kN}$ würde die Seilkraft $S = 199,5\,\text{kN}$ betragen. Sie ist nur um etwa 10 % kleiner als die Kraft $S = 220,4\,\text{kN}$ unter Berücksichtigung aller Belastungen. Da die Belastungen eines Seiles i.d.R. in der vertikalen Ebene wirken, ist der Seilkraftzuwachs infolge von zusätzlichen senkrecht zur Seilebene wirkenden Belastungen verhältnismäßig klein.

Der Durchhang des Seiles unter Belastung nach Bild 2.31 kann näherungsweise als die Resultante der Durchhänge infolge der Belastungen $q(x)$, $q(y)$ und $q_z(t)$ bestimmt werden. Rufen die Belastungen $q(x)$ und $q(y)$ den vertikalen Seildurchhang $f_v$ und die Belastung $q_z(t)$ den horizontalen Seildurchhang $f_H$ hervor, so beträgt der gesamte Seildurchhang (Bild 2.33)

$$f = \sqrt{f_v^2 + f_H^2}\,. \tag{2.74}$$

Sind alle Belastungen gleichmäßig verteilt, so stellt die Formel (2.74) einen exakten Ausdruck dar, da das Seil dann in einer Ebene liegt.

Man könnte hier, ähnlich wie in Abschn. 2.3.1.2, eine exake Seilgleichung herleiten. Eine solche Gleichung wäre jedoch für die Baupraxis sehr kompliziert, und deshalb wurde sie hier nicht berücksichtigt.

## 2.3.4 Ermittlung der gewünschten Ausgangslänge des Seiles

Für die in Abschn. 2.3 dargestellten Seilgleichungen gilt die Voraussetzung, daß die Ausgangslänge des Seiles bekannt ist. Der so bestimmte Endzustand des Seiles (Seilkraft, Seildurchhang) kann aus verschiedenen Gründen unerwünscht sein. Dann muß die Berechnung für eine andere Ausgangslänge des Seiles wiederholt werden. Diese Art der Berechnung kann also oft ungünstig sein. Deshalb wird hier, ähnlich wie in Abschn. 2.2.2.11, ein Verfahren vorgestellt, mit dem die notwendige Ausgangslänge des Seiles in einem Schritt ermittelt werden kann. Die Anwendung dieses Verfahrens wird an einem Beispiel gezeigt.

*Beispiel 2.14.* Ein Seil um die Ausgangsspannweite $l = 60\,\text{m}$ soll die in Bild 2.34 dargestellte parabelförmige Belastung tragen. Die nötige Ausgangslänge des Seiles ist unter Berücksichtigung der folgenden Voraussetzungen zu ermitteln:
— der Seildurchhang des Seiles soll in der Mitte der Spannweite 3 m betragen;
— die horizontale Verschiebung des rechten Seilknotens beträgt $u = 0,10\,\text{m}$;

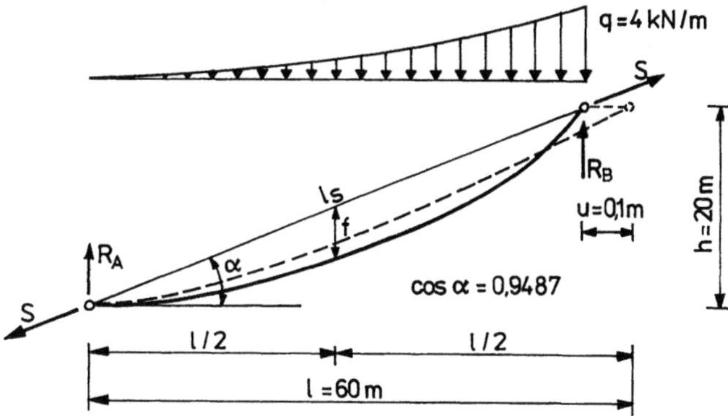


**Bild 2.34.** Seil mit parabelförmiger Belastung

Dehnsteifigkeit des Seiles: $EA = 100\,000$ kN. Die Abmessungen sind dem Bild zu entnehmen. Die vertikalen Auflagerkräfte betragen $(l - u \approx l)$

$$R_A = \frac{ql}{3} \cdot \frac{1}{4} = \frac{ql}{12} = \frac{4 \cdot 60}{12} = 20 \text{ kN},$$

$$R_B = \frac{ql}{3} \cdot \frac{3}{4} = \frac{ql}{4} = \frac{4 \cdot 60}{4} = 60 \text{ kN}.$$

Das „Biegemoment" in der Mitte der Stützweite

$$M(l/2) = R_A \cdot \frac{l}{2} - \frac{ql^2}{192} = 20 \cdot \frac{60}{2} - \frac{4 \cdot 60^2}{192} = 525 \text{ kNm}.$$

Die Seilkraft $S$ beträgt (vgl. Bild 2.25)

$$S = \frac{M(l/2)}{f \cdot \cos \alpha} = \frac{525}{3 \cdot 0,9487} = 184,5 \text{ kN}.$$

Die aktuelle Länge der Seilsehne

$$l_s = \sqrt{(l-u)^2 + h^2} = \sqrt{(60-0,1)^2 + 20^2} = 63,151 \text{ m}.$$

Die aktuelle Länge des Seiles unter der Belastung wird durch (2.52) bestimmt. Im Anhang findet man für die parabelförmige Belastung

$$\int_0^l Q^2 dx = \frac{q^2 l^3}{112} = \frac{4^2 \cdot 60^3}{112} = 30\,857,14.$$

Die Länge des Seiles ist daher

$$s = 63,151 + \frac{0,9487}{2 \cdot 184,5^2} \cdot 30\,857,14 = 63,581 \text{ m}.$$

Sie muß im Ausgangszustand um die elastische Verlängerung kürzer sein. Es wird demnach

$$s_0 = s - \Delta s = s - \frac{S \cdot s}{EA} = 63,581 - \frac{184,5 \cdot 63,581}{100\,000} = 63,463 \text{ m}.$$

Setzt man den berechneten Wert von $s_0$ in die Seilgleichung (2.55) ein, so erhält man

$$S^3 + S^2 \cdot 100\,000 \left(1 - \frac{63,151}{63,463}\right) = \frac{100\,000 \cdot 0,9487}{2 \cdot 63,463} \cdot 30\,857,14,$$

$$S^3 + 491,63 S^2 = 2,306 \cdot 10^7.$$

Die Lösung der Gleichung ergibt $S = 184,7\,\text{kN}$. Der Durchhang des Seiles beträgt

$$f = \frac{M(l/2)}{S\cos\alpha} = \frac{525}{184,7 \cdot 0,9487} = 2,996\,\text{m}.$$

Es besteht ein sehr kleiner Unterschied zwischen dem vorausgesetzten und dem berechneten Seildurchhang. Die Ursache dafür wurde in Beispiel 2.9 erklärt.

## 2.4 Mehrfeldseile

### 2.4.1 Allgemeines

Lagert man ein Seil auf mehr als zwei Stützen, so erhält man ein Mehrfeldseil (Bild 2.35). Es wird vorausgesetzt, daß sich das Seil auf den Innenstützen ohne Reibung verschieben kann, wie es z.B. bei verschiedenen Rollenlagern der Fall ist. Unter dieser Voraussetzung wird die Berechnung bedeutend erleichtert, da die horizontale Komponente $H$ der Seilkraft dann in jedem Feld konstant ist.

Das Problem besteht hier also darin, den Wert von $H$ zu ermitteln. Ist er bekannt, kann man leicht die Seildurchhänge und die maximalen Seilkräfte in jedem Feld bestimmen. Zur Herleitung der Seilgleichung für Mehrfeldseile werden die bereits bekannten Beziehungen für das Einfeldseil benutzt.

### 2.4.2 Herleitung der Seilgleichung

Die Beziehung zwischen der Ausgangslänge des Seiles $s_0$ und seiner Länge $s$ im Endzustand hat folgende Form

$$s = s_0 + \Delta s + \Delta s_t. \tag{2.75}$$

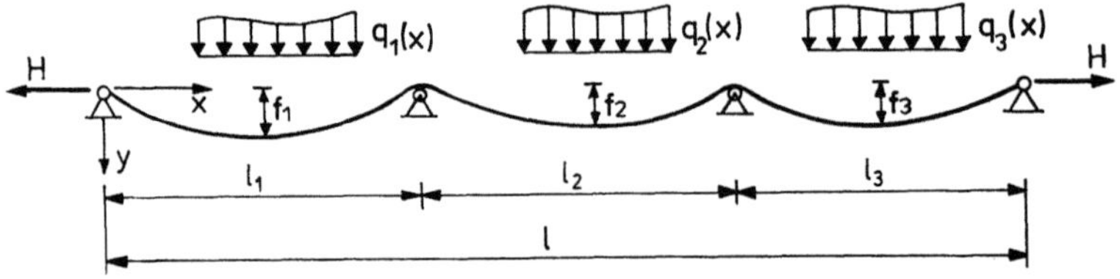

Bild 2.35. Dreifeldseil mit Feldbelastungen

In dieser Gleichung bedeuten:

$$\Delta s \approx \frac{H \cdot s_0}{EA}, \tag{2.76}$$

$$\Delta s_t = \alpha_t \Delta t s_0. \tag{2.77}$$

Die aktuelle Länge des Seiles $s$ unter den Belastungen $q_i(x)$ kann man mit Hilfe der Querkräfte ausdrücken, vgl. (2.32),

$$s = l_1 + \frac{1}{2H^2} \int_0^{l_1} Q_1^2 dx + l_2 + \frac{1}{2H^2} \int_0^{l_2} Q_2^2 dx + l_3 + \frac{1}{2H^2} \int_0^{l_3} Q_3^2 dx$$

$$= l + \frac{1}{2H^2} \left( \int_0^{l_1} Q_1^2 dx + \int_0^{l_2} Q_2^2 dx + \int_0^{l_3} Q_3^2 dx \right). \tag{2.78}$$

Setzt man (2.76), (2.77) und (2.78) in (2.75) ein, so erhält man nach einigen Umformungen

$$H^3 + H^2 EA \left[ 1 - \frac{1}{s_0} (l - \alpha_t \Delta t s_0) \right] = \frac{EA}{2s_0} \left( \int_0^{l_1} Q_1^2 dx + \int_0^{l_2} Q_2^2 dx + \int_0^{l_3} Q_3^2 dx \right). \tag{2.79}$$

Im Allgemeinfall, für $n$ Felder, gilt

$$H^3 + H^2 EA \left[ 1 - \frac{1}{s_0} (l - \alpha_t \Delta t s_0) \right] = \frac{EA}{2s_0} \sum_{i=1}^{n} \int_0^{l_i} Q_i^2 dx. \tag{2.80}$$

Mit der Seilgleichung (2.80) läßt sich die Seilkraft $H$ unter Wirkung beliebiger lotrechter Belastungen bestimmen. Als Näherungsgleichung gilt sie für Seile mit relativ kleinen Durchhängen ($f_i/l_i \leq 0,1$). Die praktische Anwendung wird an einem Beispiel gezeigt.

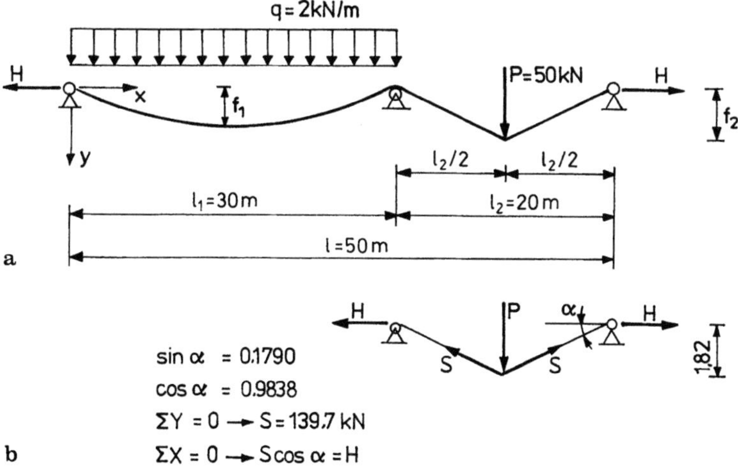


**Bild 2.36a – b.** Zweifeldseil. **a** Belastungen und Bezeichnungen; **b** Gleichgewichtsbedingungen

*Beispiel 2.15.* Für das in Bild 2.36a dargestellte Zweifeldseil sind die Seilkraft $H$ und die maximalen Durchhänge zu berechnen. Die Lasten und Abmessungen können dem Bild entnommen werden.

Dehnsteifigkeit des Seiles $EA = 100\,000\,\text{kN}$, Ausgangslänge des Seiles $s_0 = 50{,}5\,\text{m}$.

Die Werte der Integrale für die angenommenen Feldbelastungen betragen:

$$\int_0^{l_1} Q_1^2 \, dx = \frac{q^2 l_1^3}{12} = \frac{2^3 \cdot 30^3}{12} = 9\,000\,,$$

$$\int_0^{l_2} Q_2^2 \, dx = \frac{P^2 l}{4} = \frac{50^2 \cdot 20}{4} = 12\,500\,.$$

Aus ( 2.80 ) erhält man

$$H^3 + H^2 \cdot 100\,000 \left( 1 - \frac{50}{50{,}5} \right) = \frac{100\,000}{2 \cdot 50{,}5} \, (\,9\,000 + 12\,500\,)\,,$$

$$H^3 + 990{,}1 H^2 = 2{,}129 \cdot 10^7\,.$$

Die Lösung der Gleichung ergibt $H = 137{,}4\,\text{kN}$. Die maximalen Seildurchhänge:

$$f_1 = \frac{q l_1^2}{8H} = \frac{2 \cdot 30^2}{8 \cdot 137{,}4} = 1{,}64\,\text{m}\,,$$

$$f_2 = \frac{P l_2}{4H} = \frac{50 \cdot 20}{4 \cdot 137{,}4} = 1{,}82\,\text{m}\,.$$

Die Gleichgewichtsbedingungen im Endzustand für das zweite Feld des Seiles sind in Bild 2.36b dargestellt.


## 2.4.3 Mehrfeldseile mit schrägen Sehnen

Es sei ein Mehrfeldseil mit schräger Seilsehne unter Wirkung von lotrechten Belastungen gegeben ( Bild 2.37 ). Die Länge des Seiles $s$ unter der Belastung kann

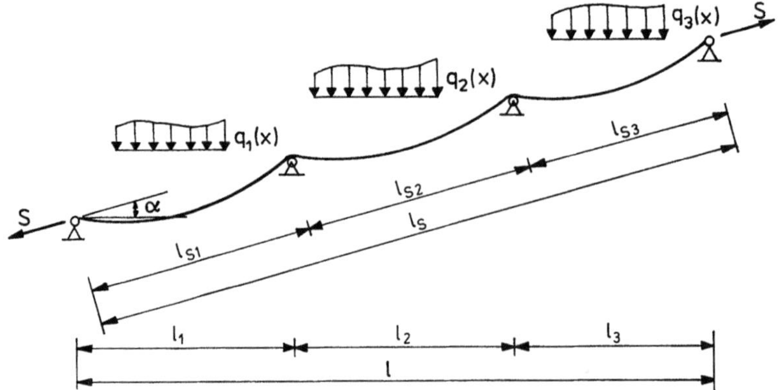


**Bild 2.37.** Dreifeldseil mit schräger Sehne

man hier mit Hilfe der Querkräfte in der folgenden Form ausdrücken, vgl. (2.52),

$$s = l_{s1} + \frac{\cos\alpha}{2S^2} \int_0^{l_1} Q_1^2 dx + l_{s2} + \frac{\cos\alpha}{2S^2} \int_0^{l_2} Q_2^2 dx + l_{s3} + \frac{\cos\alpha}{2S^2} \int_0^{l_3} Q_3^2 dx$$

$$= l_s + \frac{\cos\alpha}{2S^2} \left( \int_0^{l_1} Q_1^2 dx + \int_0^{l_2} Q_2^2 dx + \int_0^{l_3} Q_3^2 dx \right). \qquad (2.81)$$

Im Allgemeinfall, für $n$ Felder, gilt

$$s = l_s + \frac{\cos\alpha}{2S^2} \sum_{i=1}^{n} \int_0^{l_i} Q_i^2 dx. \qquad (2.82)$$

Unter der Berücksichtigung, daß die elastische Verlängerung des Seiles

$$\Delta s \approx \frac{S \cdot s_0}{EA} \qquad (2.83)$$

beträgt, nimmt die Seilgleichung (2.75) folgende Form an:

$$S^3 + S^2 EA \left[ 1 - \frac{1}{s_0}(l_s - \alpha_t \Delta t s_0) \right] = \frac{EA\cos\alpha}{2s_0} \sum_{i=1}^{n} \int_0^{l_i} Q_i^2 dx. \qquad (2.84)$$

*Beispiel 2.16.* Das Seil mit der Ausgangslänge $s_0 = 56{,}0$ m soll die in Bild 2.38 dargestellte Belastung tragen. Die Seilkraft $S$ ist unter Annahme zu ermitteln, daß die Temperaturabnahme $\Delta t = -50$ K besträgt. Dehnsteifigkeit des Seiles $EA = 100\,000$ kN.

Aus (2.84) erhält man

$$S^3 + S^2 \cdot 100\,000 \left[ 1 - \frac{1}{56}(55{,}556 - 0{,}000012(-50) \cdot 56) \right]$$

$$= \frac{100\,000 \cdot 0{,}9}{2 \cdot 56} \cdot \frac{4^2 \cdot 30^3}{45},$$

$$S^3 + 732{,}86 S^2 = 7{,}714 \cdot 10^6.$$

Die Lösung ergibt $S = 96{,}4$ kN.

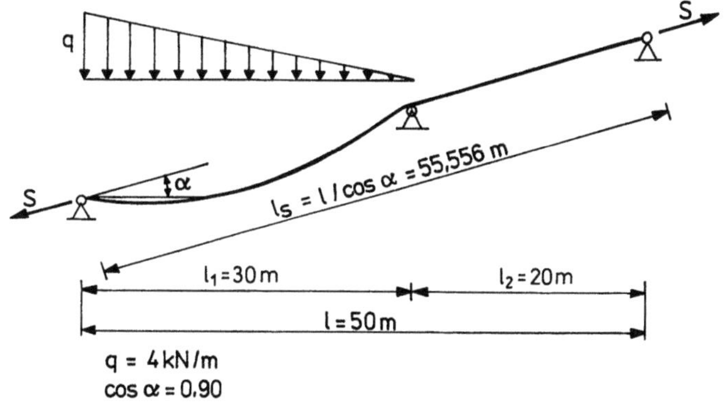



**Bild 2.38.** Zweifeldseil mit Belastung

## 2.5 Seile mit Gegengewicht

### 2.5.1 Einfeldseil

In einigen technischen Anwendungsbereichen findet man Seile mit Gegengewicht.
Dieses ermöglicht, daß der Seildurchhang trotz der Temperaturänderung kon-
stant bleibt. In diesem Abschnitt werden einfache Gleichungen vorgestellt, die die
Berechnung derartiger Seile ermöglichen.

Es sei ein Seil mit einem Gegengewicht gegeben (Bild 2.39a). Das Seil kann
sich auf dem Auflager B ohne Reibung verschieben ($H = G$); die Ausgangslänge
des Seiles $s_0$ ($s_0 = l + h$) berücksichtigt die durch das Gegengewicht $G$ entstandene
elastische Verlängerung des Seiles.

Aufgrund der Belastung $q(x)$ nimmt das Seil die in Bild 2.39b dargestellte
Form an. Die Aufgabe besteht darin, den Seildurchhang und den Gegengewichtshub $\Delta h$ zu finden. Die Länge des Seiles im Feld beträgt, vgl. (2.32),

$$s = l + \frac{1}{2H^2} \int_0^l Q^2 \mathrm{d}x. \tag{2.85}$$

Im Endzustand des Seiles (Bild 2.39b) besteht die Beziehung

$$s + h_1 = s_0 \tag{2.86}$$

und unter Berücksichtigung der Temperaturänderung

$$s + h_1 = s_0 + \alpha_t \Delta t s_0. \tag{2.87}$$

Setzt man (2.85) in (2.87) ein, so erhält man

$$l + \frac{1}{2H^2} \int_0^l Q^2 \mathrm{d}x + h_1 = s_0 + \alpha_t \Delta t s_0. \tag{2.88}$$

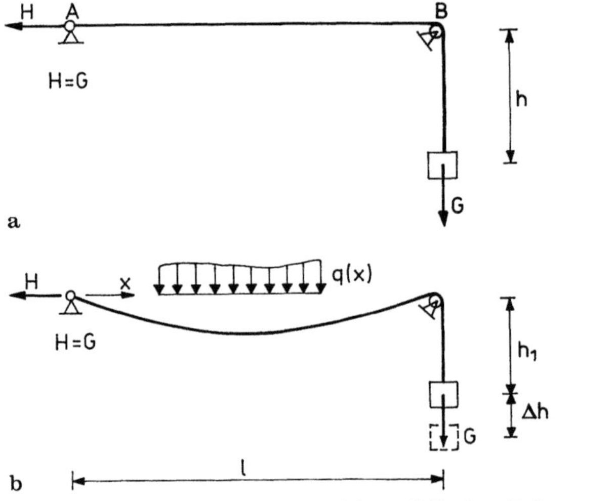


**Bild 2.39a−b.** Seil mit Gegengewicht. **a** Seil ohne Belastung; **b** Seil unter Belastung $q(x)$

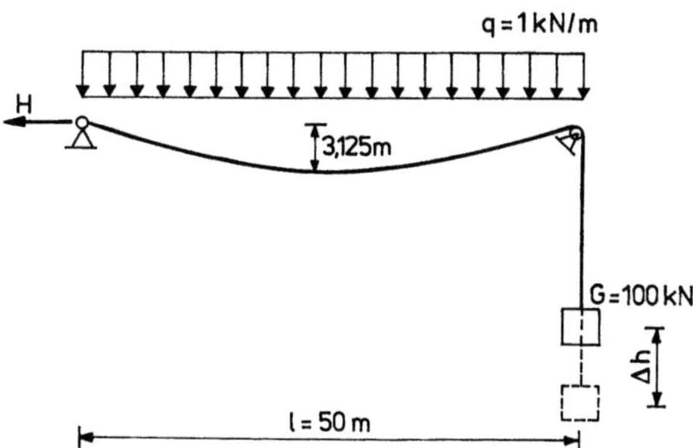


**Bild 2.40.** Beispiel des Seiles mit Gegengewicht

Ersetzt man in (2.88) $s_0 - l$ durch $h$ und löst man nach $\Delta h = h - h_1$ auf, so ergibt sich

$$\Delta h = \frac{1}{2H^2} \int_0^l Q^2 \mathrm{d}x - \alpha_t \Delta t s_0 . \tag{2.89}$$

Die horizontale Seilkraft $H$ kann in (2.89) durch das Gewicht $G$ ersetzt werden; es gilt daher

$$\Delta h = \frac{1}{2G^2} \int_0^l Q^2 \mathrm{d}x - \alpha_t \Delta t s_0 . \tag{2.90}$$

Der maximale Durchhang des Seiles beträgt

$$f = \frac{\max M}{H} = \frac{\max M}{G} . \tag{2.91}$$

Die Temperaturänderung bewirkt also keine Änderung des Seildurchhangs ($G = \mathrm{const}$). Sie hat aber einen Einfluß auf den Wert des Hubes $\Delta h$.

*Beispiel 2.17.* Die Ausgangslänge des Seiles unter der Last von $G$ beträgt $s_0 = l + h = 50 + 10 = 60$ m. Der maximale Durchgang des Seiles $f$ und der Gegengewichtshub $\Delta h$ sind unter der Belastung $q = 1{,}0$ kN/m (Bild 2.40) zu berechnen. $G$ soll 100 kN betragen.

Der maximale Durchhang des Seiles, (2.91), ist

$$f = \frac{ql^2}{8H} = \frac{1 \cdot 50^2}{8 \cdot 100} = 3{,}125 \text{ m} .$$

Aus (2.90) erhält man

$$\Delta h = \frac{1}{2G^2} \cdot \frac{q^2 l^3}{12} = \frac{1}{2 \cdot 100^2} \cdot \frac{1^2 \cdot 50^3}{12} = 0{,}521 \text{ m} .$$

Bei einer Temperaturabnahme von $\Delta t = -50$ K beträgt der Gegengewichtshub

$$\Delta h = 0{,}521 - 0{,}000012 ( -50 ) \cdot 60 = 0{,}557 \text{ m} .$$

Die Änderung des Gewichtes $G$ bewirkt also Änderungen sowohl des Seildurchhangs als auch des Gegengewichtshubes. Für einen erwünschten Seildurchhang kann man das nötige Gewicht $G$ aus (2.91) leicht bestimmen.


### 2.5.2 Mehrfeldseile

Die in Abschn. 2.5.1 vorgestellten Betrachtungen kann man leicht auf die Mehrfeldseile mit Gegengewicht (Bild 2.41) erweitern.

Die Gesamtlänge der Seile in allen Feldern unter der gegebenen Belastung beträgt, vgl. (2.52),

$$s = l_s + \frac{\cos\alpha}{2S^2} \sum_{i=1}^{n} \int_0^{l_i} Q_i^2 dx. \tag{2.92}$$

Die Beziehung (2.87) führt nach einigen Umformungen zur Gleichung

$$\Delta h = \frac{\cos\alpha}{2S^2} \sum_{i=1}^{n} \int_0^{l_i} Q_i^2 dx - \alpha_t \Delta t s_0. \tag{2.93}$$

Unter Berücksichtigung, daß $S = G$ erhält man

$$\Delta h = \frac{\cos\alpha}{2G^2} \sum_{i=1}^{n} \int_0^{l_i} Q_i^2 dx - \alpha_t \Delta t s_0. \tag{2.94}$$

Die Anwendung von (2.94) wird an einem Beispiel gezeigt.

*Beispiel 2.18.* Für das in Bild 2.42 dargestellte Dreifeldseil ist der Gegengewichtshub unter der gegebenen Belastung zu ermitteln mit $\alpha = 15°$, $s_0 = 320$ m, $G = 100$ kN. Die Lasten und Abmessungen sind dem Bild zu entnehmen.

Die Summe der Integrale in (2.94) beträgt

$$\sum_{i=1}^{3} \int_0^{l_i} Q_i^2 dx = \frac{q_1^2 l_1^3}{12} + \frac{P^2 l_2}{4} + \frac{q_3^2 l_3^3}{45} = \frac{1^2 \cdot 100^3}{12} + \frac{20^2 \cdot 100}{4} + \frac{2^2 \cdot 100^3}{45}$$

$$= 182\,222{,}22.$$

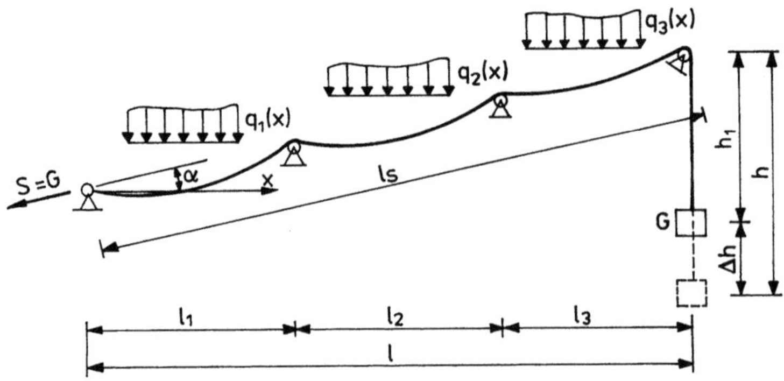


**Bild 2.41.** Dreifeldseil mit Gegengewicht

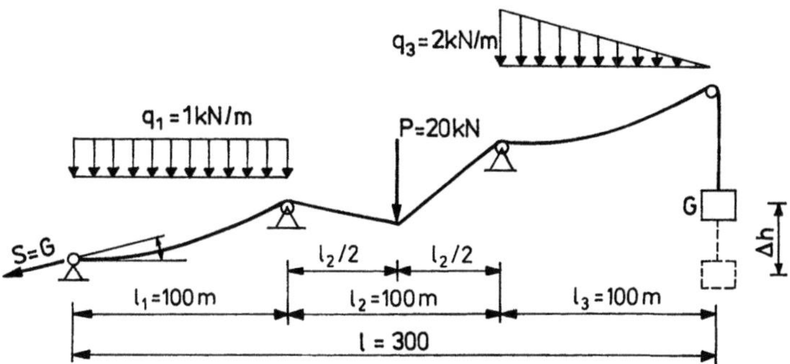



**Bild 2.42.** Beispiel des Dreifeldseiles mit Gegengewicht

Aus (2.94) erhält man

$$\Delta h = \frac{0{,}966}{2 \cdot 100^2} \cdot 182\,222{,}22 = 8{,}8 \text{ m} .$$

Um den Hub zu beschränken, muß man einen größeren Wert des Gewichtes $G$ annehmen. Für $G = 200\,\text{kN}$ ergibt sich z.B. $\Delta h = 2{,}2$ m.

# 3 Ebene Seilkonstruktionen

## 3.1 Allgemeines

Zu den ebenen Seilkonstruktionen gehören solche, deren Seile in einer Ebene
liegen und die in dieser Ebene belastet werden. Die bekanntesten dieser Bauwerke
stellen die sogenannten Seilbinder von Jawerth dar ( Bild 1.1b ). Sie bestehen aus
zwei Hauptseilen: einem Trag- und einem Spannseil. Beide Arten von Seilen sind
durch vertikale oder schräge Hänger miteinander verbunden. Durch das Spannseil
werden die Verformungen des Binders bei unsymmetrischer Belastung stark
eingeschränkt.

In diesem Abschnitt werden nur einige einfache Sonderfälle der ebenen
Seilkonstruktionen betrachtet, d.h. ( gleichmäßige Belastungen, Vernachlässigung der Verformungen der Stützkonstruktion ). Man kann sie mit Hilfe von sehr
einfachen Berechnungsmethoden berechnen. Es ist jedoch zu betonen, daß z.B. die
Vernachlässigung der Verformungen der Stützkonstruktion zu falschen Ergebnissen führen kann. Dieses Problem wird in Abschn. 4.4 näher diskutiert. Für den
Regelfall der Belastung ebener Seilkonstruktionen eignen sich — ähnlich wie für
räumliche Seilsysteme — am besten Berechnungsmethoden, wie sie in Kap. 4
besprochen werden.

## 3.2 Berechnung der Seilbinder von Jawerth

### 3.2.1 Methode der schrittweisen Annäherung

Es sei ein Seilbinder im Vorspannungszustand gegeben ( Bild 3.1a ). Bild 3.1b zeigt
einen Längsschnitt durch die Hänger. Es gelten folgende Voraussetzungen:
- beide Seile des Binders haben eine parabolische Form,
- die Dehnsteifigkeiten der Seile betragen $EA_t$ (Tragseil) und $EA_s$
  (Spannseil),
- der Abstand zwischen den Hängern ist konstant,
- die Hänger des Seilbinders sind unverformbar, d.h. die Längen der Hänger
  sind für alle Belastungsarten konstant,
- die Einzelkräfte $V'$ (Bild 3.1b) werden durch die auf die Seile wirkende
  gleichmäßig verteilte Belastung $p'$ ersetzt.

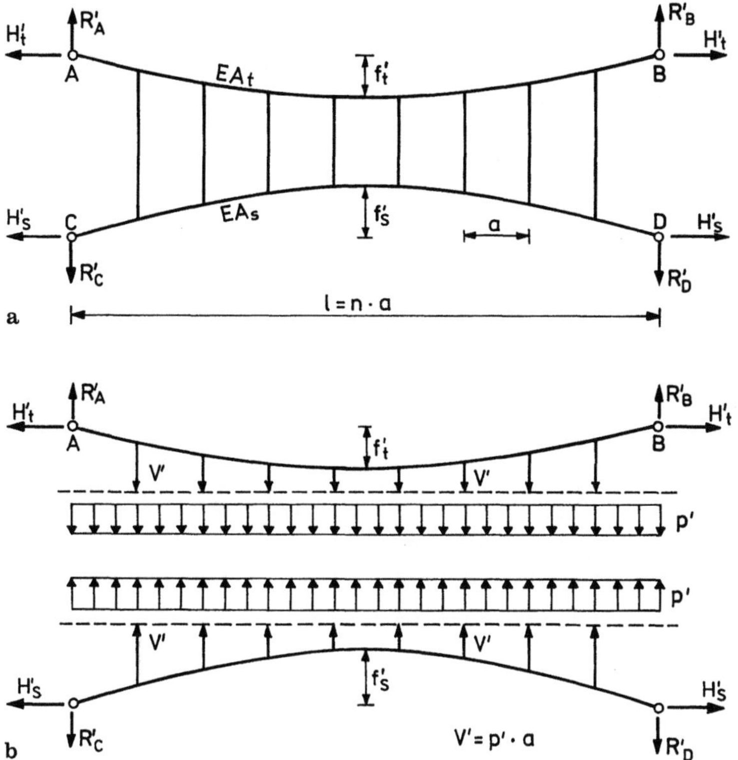



**Bild 3.1a – b.** Seilbinder im Vorspannungszustand. **a** Bezeichnungen; **b** Schnitt des Seilbinders durch die Hänger

Sind die Durchhänge $f'_t$ und $f'_s$ beider Seile und die Belastung $p'$ bekannt, so lassen sich die Kräfte im Trag- und Spannseil aus

$$H'_t = \frac{p'l^2}{8f'_t}, \quad H'_s = \frac{p'l^2}{8f'_s} \tag{3.1}$$

bestimmen. Zur Berechnung des Seilbinders im Vorspannungszustand geht man folgendermaßen vor:

1. Annahme eines Wertes von $p'$ für eine angenommene Geometrie des Seilbinders;
2. Berechnung der Seilkräfte aus (3.1);
3. Berechnung der Seillängen aus den Formeln:

$$s'_t \approx l\left[1 + \frac{8}{3}\left(\frac{f'_t}{l}\right)^2\right],$$

$$s'_s \approx l\left[1 + \frac{8}{3}\left(\frac{f'_s}{l}\right)^2\right]. \tag{3.2}$$

Die Längen der Seile kann man auch direkt aufgrund der bekannten Geometrie des Seilbinders berechnen.

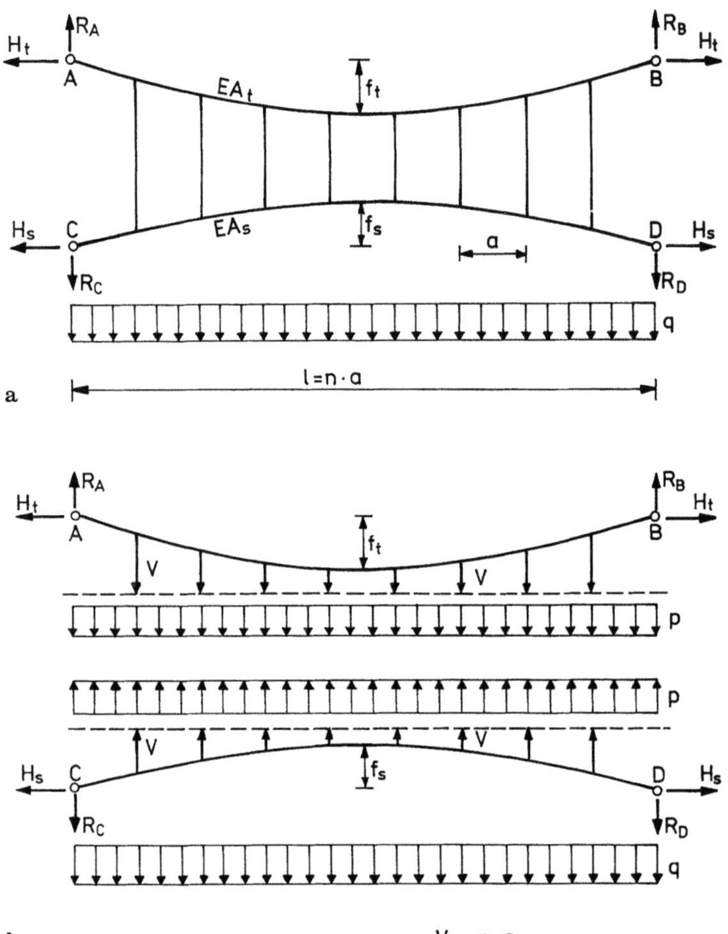

**Bild 3.2a–b.** Seilbinder unter Belastung. **a** Bezeichnungen; **b** Schnitt des Seilbinders durch die Hänger

4. Berechnung der Seillängen im Anfangszustand

$$s_t \approx s_t'\left(1 - \frac{H_t'}{EA_t}\right),$$

$$s_s \approx s_s'\left(1 - \frac{H_s'}{EA_s}\right). \tag{3.3}$$

Unter der Belastung $q$ (Bild 3.2a) ändert sich die Geometrie des Seilbinders. Die Seildurchhänge betragen jetzt $f_t$ und $f_s$ und die Seilkräfte erhalten die Werte $H_t$ und $H_s$. Auf das Tragseil wirkt die Belastung $p$ und auf das Spannseil die Belastung $p-q$ (Bild 3.2b). Ist die Belastung $p$ bekannt, so wird die Aufgabe gelöst. Den Wert dieser Belastung finden wir mit den folgenden Näherungen:

1. Annahme eines beliebigen Wertes von $p$ unter Berücksichtigung, daß $p > q$.
2. Berechnung der Seilkräfte $H_t$ und $H_s$ aus (2.37) für die angenommene Belastung von $p$ unter Berücksichtigung der Anfangslängen der Seile nach (3.3).
3. Berechnung der maximalen Seildurchhänge

$$f_t = \frac{pl^2}{8H_t}, \quad f_s = \frac{(p-q)l^2}{8H_s}.$$ (3.4)

Die Annahme, daß die Längen von Hängern konstant sind, liefert

$$f_t' + f_s' = f_t + f_s.$$ (3.5)

Ist die Bedingung (3.5) nicht erfüllt, so muß das beschriebene Vorgehen für einen anderen Wert von $p$ wiederholt werden. Im Grenzfall ist auch der vorausgesetzte Wert der Vorspannung $p'$ zu ändern. Die praktische Anwendung des Dargestellten wird an einem Beispiel gezeigt.

*Beispiel 3.1.* Es ist ein Seilbinder unter Berücksichtigung folgender Daten zu berechnen:
— Spannweite des Binders $l = 60$ m,
— Dehnsteifigkeit der Seile: $EA_t = 150\,000$ kN, $EA_s = 50\,000$ kN,
— angenommene Durchhänge der Seile im Vorspannungszustand: $f_t' = 3$ m, $f_s' = 4$ m,
— äußere Belastung $q = 2$ kN/m.

Berechnung des Vorspannungszustandes:
Es wird angenommen, daß $p' = 1{,}0$ kN/m (Bild 3.1b). Die Seilkräfte in diesem Zustand betragen demnach

$$H_t' = \frac{p'l^2}{8f_t'} = \frac{1 \cdot 60^2}{8 \cdot 3} = 150\,\text{kN},$$

$$H_s' = \frac{p'l^2}{8f_s'} = \frac{1 \cdot 60^2}{8 \cdot 4} = 112{,}5\,\text{kN}.$$

Die Längen der Seile im Vorspannungszustand, (3.2),

$$s_t' = 60\left[1 + \frac{8}{3}\left(\frac{3}{60}\right)^2\right] = 60{,}400\,\text{m},$$

$$s_s' = 60\left[1 + \frac{8}{3}\left(\frac{4}{60}\right)^2\right] = 60{,}711\,\text{m}.$$

Die Längen der Seile im Anfangszustand, (3.3),

$$s_t = 60{,}4\left(1 - \frac{150}{150\,000}\right) = 60{,}340\,\text{m},$$

$$s_s = 60{,}711\left(1 - \frac{112{,}5}{50\,000}\right) = 60{,}574\,\text{m}.$$

Berechnung des Belastungszustandes:

1. Näherung:
Es wird angenommen, daß $p = 2,1\,\text{kN/m}$ (Bild 3.2b). Berechnung des Tragseiles
aus (2.37) ($s_0 = s_t$, $H = H_t$)

$$H_t^3 + H_t^2 \cdot 150\,000\left(1 - \frac{60}{60,34}\right) = \frac{150\,000 \cdot 2,1^2 \cdot 60^3}{24 \cdot 60,34} \rightarrow H_t = 294,3\,\text{kN}.$$

Berechnung des Spannseiles aus (2.37) ($s_0 = s_s$, $H = H_s$)

$$H_s^3 + H_s^2 \cdot 50\,000\left(1 - \frac{60}{60,574}\right) = \frac{50\,000 \cdot 0,1^2 \cdot 60^3}{24 \cdot 60,574} \rightarrow H_s = 12,4\,\text{kN}.$$

Berechnung der maximalen Seildurchhänge, (3.4),

$$f_t = \frac{2,1 \cdot 60^2}{8 \cdot 294,3} = 3,211\,\text{m},$$

$$f_s = \frac{0,1 \cdot 60^2}{8 \cdot 12,4} = 3,629\,\text{m},$$

$$f_t + f_s = 6,840\,\text{m}.$$

Die Bedingung (3.5) ist hier nicht erfüllt. Man muß also einen größeren Wert von
$p$ annehmen.
**Anmerkung:** Wenn für einen Wert von $p$, der nur etwas größer als $q$ ist, die
Bedingung $f_t + f_s > f_t' + f_s'$ erfüllt ist, so muß man einen größeren Wert von $p'$
oder eine kleinere Dehnsteifigkeit des Spannseiles $EA_s$ annehmen.

2. Näherung:
Es wird jetzt angenommen, daß $p = 2,5\,\text{kN/m}$. Die Wiederholung der in der ersten
Näherung durchgeführten Berechnungen liefert die Ergebnisse:

$$H_t = 343,0\,\text{kN};\ H_s = 59,0\,\text{kN},$$

$$f_t = 3,28\,\text{m};\ f_s = 3,814\,\text{m},$$

$$f_t + f_s = 7,094 > f_t' + f_s'.$$

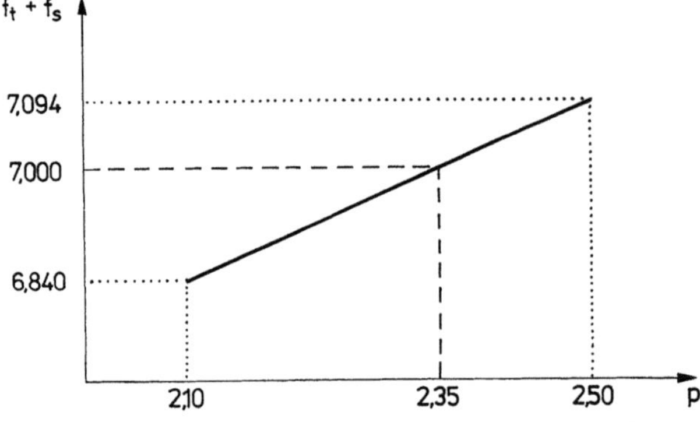


**Bild 3.3.** Ermittlung des Ergebnisses infolge Interpolation

Kennt man die Ergebnisse zweier Näherungen läßt sich eine bessere Näherung mittels der linearen Interpolation finden (Bild 3.3).

Im vorliegenden Fall findet man $p = 2{,}35\ \text{kN/m}$. Für diesen Wert von $p$ erhält man folgende Ergebnisse:

$$H_t = 324{,}5\ \text{kN};\ H_s = 42{,}0\ \text{kN},$$

$$f_t = 3{,}259\ \text{m};\ f_s = 3{,}750\ \text{m},$$

$$f_t + f_s = 7{,}009 \approx f'_t + f'_s.$$

Für die Baupraxis ist dieses Ergebnis genau genug. Die *exakte* Lösung ergibt: $p = 2{,}345\ \text{kN/m}$, $H_t = 323{,}9\ \text{kN}$, $H_s = 41{,}5\ \text{kN}$.

### 3.2.2 Direkte Methode der Ermittlung von Seilkräften

Die in Abschn. 3.2.1 vorgestellte Methode der schrittweisen Annäherung hat einige Nachteile. Erstens müssen die Berechnungen für variable Werte von $p$ mehrmals wiederholt werden und zweitens kann der auf diese Weise berechnete Endzustand des Seilbinders aus einigen Gründen unerwünscht sein. (Die berechnete Kraft im Tragseil ist z.B. für den angenommenen Seilquerschnitt zu groß.) Der zweite Umstand verlangt eine Änderung der angenommenen Daten und führt zur Wiederholung aller Berechnungen. Um die erwähnten Nachteile zu vermeiden, wird hier eine direkte Methode der Berechnung vorgestellt, die auf einem vorausgesetzten gewünschten geometrischen Endzustand des Seilbinders basiert.

Die Standardberechnung einer Seilkonstruktion besteht in der Ermittlung von Kraft- und Verschiebungszustand dieser Konstruktion für eine gegebene Belastung. In diesem Abschnitt wird eine entgegengesetzte Vorgehensweise beschrie-

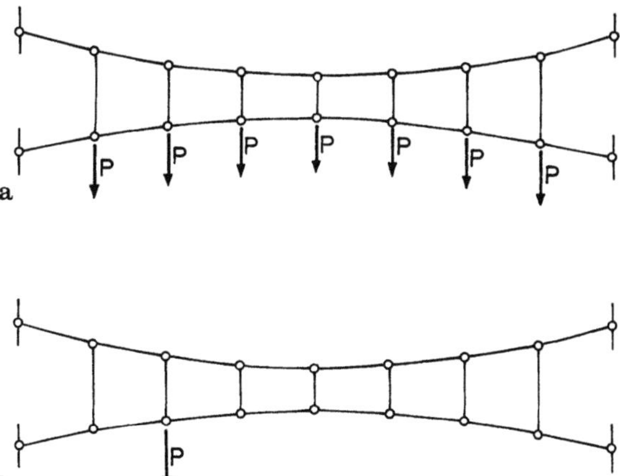

**Bild 3.4a − b.** Statische Zulässigkeit der Seilkonstruktion. **a** Konfiguration statisch zulässig; **b** Konfiguration statisch nicht zulässig

ben. Die erwünschte vorausgesetzte Konfiguration wird nämlich als Endkonfiguration des Seilbinders für eine gegebene Belastung angenommen. Durch die rechnerische Entlastung des Seilbinders läßt sich dann sein Vorspannungszustand und/oder sein Anfangszustand (Montagezustand) finden.

Diese Berechnungsmethode hat jedoch einen beschränkten Anwendungsbereich. Sie eignet sich nämlich nur für „statisch zulässige" Konstruktionen. Eine Seilkonstruktion ist dann statisch zulässig, wenn sie die statischen Gleichgewichtsbedingungen für eine gegebene Belastung erfüllt. Die in der Baupraxis oft vorkommenden parabelförmigen Seilkonstruktionen sind unter den gleichmäßig verteilten Belastungen bekanntlich statisch zulässig.

Ein anschauliches Beispiel des Problems der statisch zulässigen Konfiguration zeigt Bild 3.4. Die in Bild 3.4a dargestellte Seilkonfiguration ist statisch zulässig, die in Bild 3.4b ist dagegen statisch nicht zulässig. (Die in Bild 3.4b dargestellte Konfiguration wäre für die angegebene Belastung nur bei unendlich großer Vorspannung statisch zulässig.)

Die Berechnung des Seilbinders unter Ausnutzung der Eigenschaften statisch zulässiger Konfigurationen ist einfach. Man geht dabei folgendermaßen vor:
1. Annahme gewünschter Form des Seilbinders im Endzustand;
2. Annahme einer gewünschten Kraft in einem beliebigen Element des Spannseiles. Diese Annahme ist notwendig, da es viele mögliche Kraftzustände gibt, die die Gleichgewichtsbedingungen in der vorausgesetzten statisch zulässigen Konfiguration erfüllen können.
3. Berechnung des ganzen Seilbinders, ähnlich einem Fachwerk, unter der Voraussetzung, daß die Elemente zwischen den Knoten geradlinig sind.
4. Berechnung der Seillängen im Anfangszustand (Montagezustand) aus der Formel

$$s_0 = s - \sum_{i=1}^{n} \frac{S_i l_i}{EA_i} \, . \tag{3.6}$$

Hierin bedeuten:

$s_0$    Anfangslänge des Seiles
$s$     Länge des Seiles im angenommenen Endzustand,
$S_i$    Seilkraft im $i$-ten Element,
$EA_i$  Dehnsteifigkeit des $i$-ten Elements.

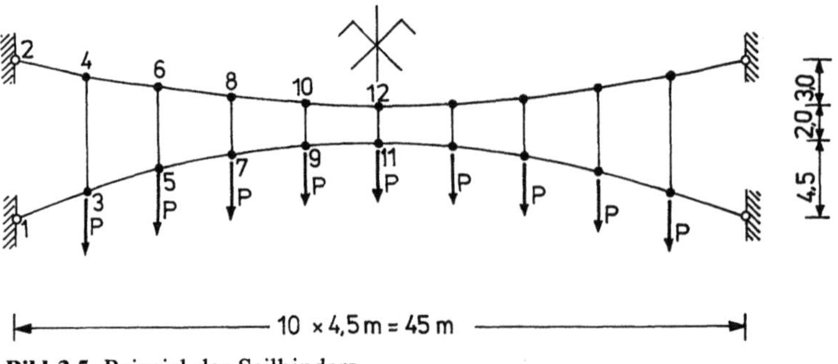


**Bild 3.5.** Beispiel des Seilbinders

**Tabelle 3.1.** Vertikale Knotenkoordinaten (m) des Seilbinders

| Knoten | 1 | 2 | 3 | 4 | 5 | 6 |
|---|---|---|---|---|---|---|
| Koordinaten | 0,00 | 9,50 | 1,62 | 8,42 | 2,88 | 7,58 |
| Knoten | 7 | 8 | 9 | 10 | 11 | 12 |
| Koordinaten | 3,78 | 6,98 | 4,32 | 6,62 | 4,50 | 6,50 |

**Tabelle 3.2.** Zugkräfte (kN) in den Elementen des Seilbinders

| Elemente | Zugkräfte | Elemente | Zugkräfte |
|---|---|---|---|
| 1– 3 | 10,62 | 8–10 | 955,53 |
| 3– 5 | 10,38 | 10–12 | 952,83 |
| 5– 7 | 10,19 | 3– 4 | 50,80 |
| 7– 9 | 10,06 | 5– 6 | 50,80 |
| 9–11 | 10,00 | 7– 8 | 50,80 |
| 2– 4 | 979,54 | 9–10 | 50,80 |
| 4– 6 | 968,94 | 11–12 | 50,80 |
| 6– 8 | 960,92 | | |

Die vorgestellte Methode, die in [9] näher beschrieben wird, ist sehr einfach. Zur Berechnung eines Seilbinders braucht man keine „klassischen" Berechnungsmethoden von Seilkonstruktionen zu kennen. Es reicht hier, die gut bekannten Methoden der Baustatik anzuwenden.

*Beispiel 3.2.* Es sei ein Seilbinder gegeben (Bild 3.5). Die vertikalen Knotenkoordinaten dieses Binders sind in Tabelle 3.1 zusammengestellt. Es wird vorausgesetzt, daß der Seilbinder in der angenommenen Konfiguration (die Knoten beider Seile liegen auf Parabeln) die Einzelkräfte $P = 50\,\mathrm{kN}$ (Bild 3.5) trägt.

Angenommene Daten:
– Tragseil: $EA_t = 180\,000\,\mathrm{kN}$,
– Spannseil: $EA_s = 60\,000\,\mathrm{kN}$.

Für die Berechnung wird die Kraft in einem Element angenommen. Nehmen wir z.B. an, daß die Zugkraft im Element $9-11$ zu 10 kN wird. Dieses Element wurde gewählt, da dort die kleinste Zugkraft zu erwarten ist. Kennt man die Zugkraft im Element $9-11$, kann man die Zugkräfte in den übrigen Elementen leicht berechnen. Sie sind in Tabelle 3.2 zusammengestellt und ermöglichen mit (3.6) die Berechnung der Seillängen im Anfangszustand. Sie betragen:

$$s_t = 45,280\,\mathrm{m}\ (\text{Tragseil}),$$
$$s_s = 46,152\,\mathrm{m}\ (\text{Spannseil}).$$

Diese Seillängen sind um 0,242 m bzw. 0,008 m kürzer als die im Endzustand nach Bild 3.5. Kennt man die Seillängen im Anfangszustand und die Längen von Hängern (die näherungsweise konstant sind) ist die Montage des Seilbinders möglich. Durch die Montage wird der Seilbinder vorgespannt. Die Belastung des Seilbinders in diesem Vorspannungszustand führt dann zur angenommenen Endkonfiguration.

Der Vorspannungszustand läßt sich bei Bedarf leicht berechnen. Sind die Seillängen im Anfangszustand und die Summe der Seildurchhänge bekannt (im betrachteten Fall $f'_t + f'_s = f_t + f_s = 7{,}5\,\text{m}$), so kann man durch Probieren die Belastung $p'$ im Vorspannungszustand (Bild 3.1b) problemlos finden. Das in Abschn. 3.2.1 beschriebene Vorgehen führt im betrachteten Beispiel zum Ergebnis: $p' \approx 5\,\text{kN/m}$, $H'_t = 485{,}0\,\text{kN}$, $H'_s = 295{,}5\,\text{kN}$, $V' = 22{,}5\,\text{kN}$, $f'_t = 2{,}63\,\text{m}$, $f'_s = 4{,}87\,\text{m}$. Der im Vorspannungszustand belastete Seilbinder erhält also die maximale vertikale Verschiebung von 0,37 m ($f_t - f'_t = f'_s - f_s = 0{,}37\,\text{m}$).

Die in diesem Abschnitt vorgestellte Berechnungsmethode ermöglicht auch, die Stützkonstruktions-Steifigkeit zu berücksichtigen. Zu diesem Zweck müßte man die Stützkonstruktion durch die entsprechenden Stabsysteme approximieren. Auf die hier besprochene Art und Weise kann man auch die Seilkonstruktionen berechnen, die statisch nicht zulässig sind. Statt der exakten Lösung erhält man in diesem Fall eine Näherungslösung (Pseudolösung), die ebenfalls praktische Bedeutung haben kann. Dieses Problem wird in [9] diskutiert.

## 3.3 Berechnung der abgespannten Tragwerke

Es gibt viele verschiedene Tragwerke mit Abspannseilen [8]. Zu den bekannteren Bauwerken dieser Art gehören die abgespannten Masten und Schornsteine. Sie bestehen aus einem zentralen Schaft und den am Boden verankerten Abspannseilen (Bild 3.6a). Das statische System derartiger Konstruktionen bildet einen Durchlaufträger auf den nichtlinearen elastischen Stützen (Bild 3.6b).

Die in der Praxis auftretenden dreiseitig und vierseitig abgespannten Masten und Schornsteine gehören im allgemeinen zu den räumlichen Seilkonstruktionen. Nur in einigen Sonderfällen (z.B. bei Windbelastung in der Symmetrieebene)

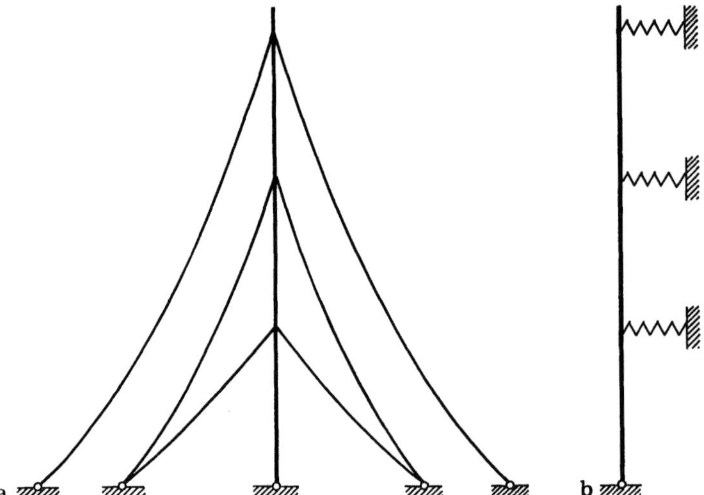

**Bild 3.6a − b.** Abgespannter Mast. **a** Gesamtansicht; **b** statisches Ersatzsystem des Mastes

kann man sie als ebene Bauten betrachten. Die praktische Berechnung der abgespannten Masten und Schornsteine, unter Berücksichtigung der hier wichtigen Windbelastung, wird in [26] beschrieben.

Die Berechnung solcher Bauwerke ist relativ aufwendig. Deshalb verwendet man zu diesem Zweck entsprechende Computerprogramme (z.B. [8]), die zur Zeit vorwiegend auf der Methode der Finiten Elemente basieren.

In diesem Abschnitt wird eine anschauliche Berechnungsmethode am Beispiel eines ebenen und einfachen abgespannten Mastes durchgeführt. Man kann beobachten, wie sich die Steifigkeiten der Abspannseile infolge der horizontalen Knotenverschiebung ändern.

*Beispiel 3.3* Es sei ein abgespannter Mast gegeben (Bild 3.7a).

Angenommene Daten für Abspannseile:
— Ausgangslänge $s_0 = l_s = 58{,}31$ m,
— Dehnsteifigkeit $EA = 75\,000$ kN,
— Eigengewicht $g = 0{,}1$ kN/m,
— $\cos \alpha = 0{,}5145$, $q = g/\cos \alpha = 0{,}194$ kN/m.

Die Abspannseilkräfte $S_0$ im Vorspannungszustand und die Seilkräfte $S_1$ und $S_2$ unter der Belastung von $H$ (Bild 3.7b) sind zu berechnen.

Vorspannungszustand:
Aus der Seilgleichung (2.56) erhält man:

$$S^3 + S^2 \cdot 75\,000 \left(1 - \frac{58{,}31}{58{,}31}\right) = \frac{75\,000 \cdot 0{,}5145 \cdot 0{,}194^2 \cdot 30^3}{24 \cdot 58{,}31},$$

$$S^3 = 28\,019{,}45 \rightarrow S = S_0 = 30{,}4\,\text{kN}.$$

Die Seilkräfte $S_1$ und $S_2$ (Bild 3.7b) werden iterativ unter Berücksichtigung des in Bild 3.7c dargestellten Ersatzsystems berechnet.

1. Näherung:
Die Steifigkeiten der Abspannseile in Richtung der Seilsehne werden wie für einen geradlinigen Stab berechnet. Es gilt daher

$$k_s = \frac{EA}{l_s} = \frac{75\,000}{58{,}31} = 1\,286{,}2\,\text{kN/m}.$$

Die Steifigkeit der Abspannseile in der horizontalen Richtung (Bild 3.7c) betragen

$$k_1 = k_2 = k_s \cdot \cos^2\alpha = 1\,286{,}2 \cdot 0{,}5145^2 = 340{,}5\,\text{kN/m}.$$

Die Steifigkeit des Ersatzsystems

$$k = k_1 + k_2 = 2 \cdot 340{,}5 = 681{,}0\,\text{kN/m}.$$

Die horizontale Verschiebung

$$u = \frac{H}{k} = \frac{20{,}0}{681{,}0} = 0{,}0294\,\text{m}.$$

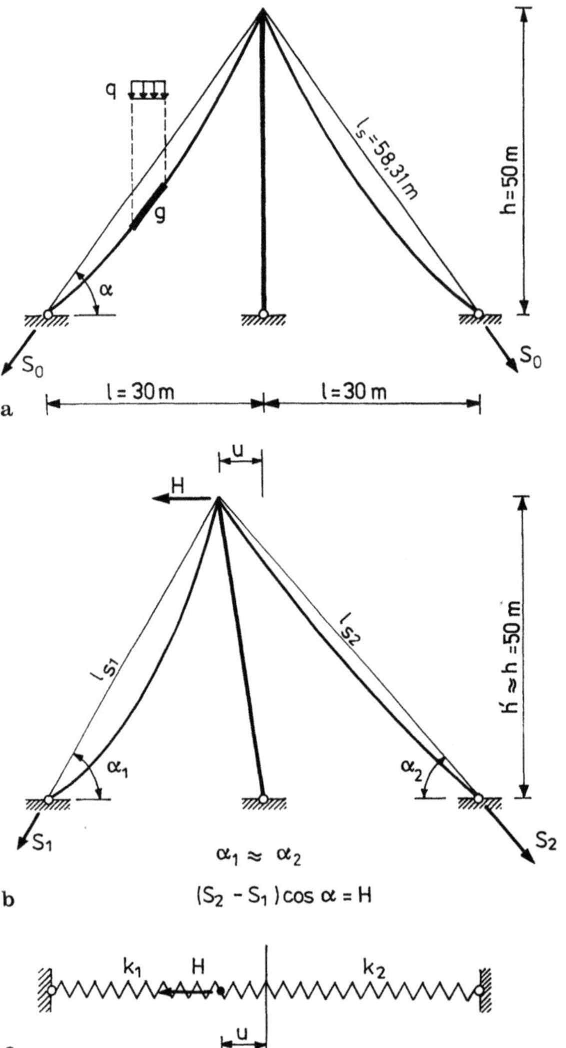



**Bild 3.7a−c.** Abgespannter Mast mit Bezeichnungen. **a** Vorspannungszustand; **b** Mast unter Belastung $H$; **c** Ersatzsystem

Mit dieser Verschiebung lassen sich die Seilsehnenlängen berechnen:

$$l_{s1} = \sqrt{(l-u)^2 + h^2} = 58{,}294\ \mathrm{m}\,,$$

$$l_{s2} = \sqrt{(l+u)^2 + h^2} = 58{,}325\ \mathrm{m}\,.$$

Unter der Verschiebung $u$ betragen die Seilkräfte für das linke Abspannseil:

$$S^3 + S^2 \cdot 75\,000\left(1 - \frac{58{,}294}{58{,}31}\right) = \frac{75\,000 \cdot 0{,}5145 \cdot 0{,}194^2 \cdot 30^3}{24 \cdot 58{,}31}\,,$$

$$S^3 + 20{,}58S^2 = 28\,019{,}45 \rightarrow S = S_1 = 24{,}8\ \mathrm{kN}\,,$$

das rechte Abspannseil:

$$S^3 + S^2 \cdot 75\,000 \left( 1 - \frac{58,325}{58,31} \right) = 28\,019,45 \,,$$

$$S^3 - 19,29 S^2 = 28\,019,45 \rightarrow S = S_2 = 38,3 \,\text{kN} \,.$$

2. Näherung:
Die Steifigkeit der Abspannseile in Richtung der Seilsehne werden aus der folgenden Formel berechnet

$$k_\text{s} = \frac{\Delta S}{\Delta l_\text{s}} = \frac{\text{Änderung der Seilkraft}}{\text{Änderung der Seilsehnenlänge}} \,.$$

Diese Steifigkeiten betragen daher:

$$k_\text{s1} = \frac{\Delta S_1}{\Delta l_\text{s1}} = \frac{30,4 - 24,8}{58,31 - 58,294} = 350,0 \,\text{kN/m} \,,$$

$$k_\text{s2} = \frac{\Delta S_2}{\Delta l_\text{s2}} = \frac{30,4 - 38,3}{58,31 - 58,325} = 526,7 \,\text{kN/m} \,.$$

Die Steifigkeit des Ersatzsystems

$$k = (350 + 526,7) \cdot \cos^2 \alpha = 232,1 \,\text{kN/m} \,.$$

Horizontale Verschiebung des Mastes

$$u = \frac{H}{k} = \frac{20,0}{232,1} = 0,0862 \,\text{m} \,.$$

Die Längen der Seilsehnen

$$l_\text{s1} = 58,265 \,\text{m}; \quad l_\text{s2} = 58,354 \,\text{m} \,.$$

Die aus (2.56) berechneten Seilkräfte betragen

$$S_1 = 19,0 \,\text{kN}; \; S_2 = 63,5 \,\text{kN} \,.$$

3. Näherung:
Die in der zweiten Näherung beschriebenen Schritte werden hier wiederholt. Man erhält:

$$k_\text{s1} = 253,3 \,\text{kN/m}, \; k_\text{s2} = 752,3 \,\text{kN/m}, \; k = 266,2 \,\text{kN/m} \,,$$

$$u = 0,0751 \,\text{m}, \; S_1 = 19,9 \,\text{kN}, \; S_2 = 57,3 \,\text{kN} \,.$$

4. Näherung:

$$u = 0,0773 \,\text{m}, \; S_1 = 19,8 \,\text{kN}, \; S_2 = 58,5 \,\text{kN} \,.$$

Diese Ergebnisse sind für die Baupraxis genügend genau und erfüllen relativ gut die Gleichgewichtsbedingung

$$(S_2 - S_1) \cos \alpha = (58,5 - 19,8) \cdot 0,5145 = 19,9 \approx H \,.$$

Aus diesem Beispiel ergibt sich: Die Abspannseile können im allgemeinen nicht durch geradlinige Stäbe ersetzt werden. Die in der ersten Näherung berechnete Verschiebung des Mastes, in der die Abspannseile wie geradlinige Elemente

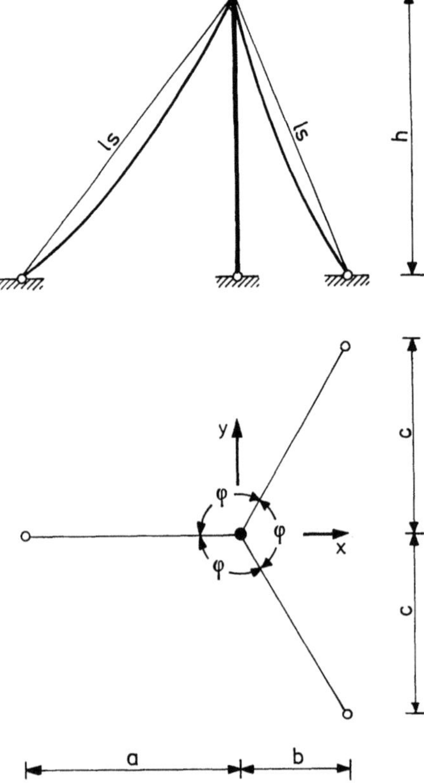


**Bild 3.8.** Dreiseitig abgespannter Mast mit Bezeichnungen

behandelt wurden unterscheidet sich wesentlich von der in der letzten Näherung
gefundenen Verschiebung. Der Ersatz der Abspannseile durch geradlinige Elemente kann nur für sehr kurze Abspannseile in Frage kommen, wenn die
Abspannseile tatsächlich geradlinige Elemente sind.

Das im Beispiel 3.3 beschriebene Vorgehen kann auch Anwendung finden,
wenn die Abspannseile in drei oder vier Ebenen liegen. Betrachten wir z.B. den in
Bild 3.8 dargestellten Mast mit drei Abspannseilen. Die Längen der Abspannseil-
sehnen betragen

$$l_\mathrm{s} = \sqrt{a^2 + h^2} = \sqrt{b^2 + c^2 + h^2}\,.$$

Die entsprechenden Richtungskosinusse haben demnach die Werte

$$\cos\alpha = a/l_\mathrm{s},\ \cos\beta = b/l_\mathrm{s},\ \cos\gamma = c/l_\mathrm{s}\,.$$

Nehmen wir an, daß die Steifigkeit eines Abspannseiles in Richtung der Seilsehne
$k_\mathrm{s}$ beträgt, so berechnet man die Steifigkeit des ganzen Systems in Richtung der $x$-
Achse (in der Symmetrieebene) aus der Formel

$$k_\mathrm{x} = k_\mathrm{s}\cos^2\alpha + 2k_\mathrm{s}\cos^2\beta\,.$$

Wirkt die Belastung nicht in der Symmetrieebene, so sollte man den dreiseitig
abgespannten Mast als räumliches System betrachten.

# 4 Räumliche Seilkonstruktionen

## 4.1 Einleitung

Zu den räumlichen Seilkonstruktionen gehören vor allem die Flächenseilnetze, die auch als Hängedächer bezeichnet werden. Im Prinzip müßte man auch alle ebenen Seilkonstruktionen (z.B. Seilbinder von Jawerth) dazuzählen, die nicht in der Ebene belastet werden.

Die wirtschaftlichen Vorteile der Flächenseilnetze führten zu einer raschen Entwicklung der Berechnungsmethoden dieser Seilkonstruktionen. Die erste derartige auf dem *Differenzenverfahren* basierende Methode wurde wahrscheinlich in [10] veröffentlicht. Zur Lösung von Seilkonstruktionen wurde dann auch oft die *Energiemethode* benutzt [11, 12]. Sie beruht auf der Annahme, daß die potentielle Energie der ganzen Seilkonstruktion in der Gleichgewichtslage ein Minimum erreicht.

In den sechziger und siebziger Jahren folgte eine sehr schnelle Entwicklung der *Methode der finiten Elemente*, die ebenfalls Anwendung bei der Berechnung von Seilkonstruktionen fand, vgl. [13–16]. Es scheint, daß die Methode der finiten Elemente zur Analyse von Seilkonstruktionen (Statik, Dynamik) zur Zeit sehr gut geeignet ist. Sie hat gegenüber den früheren bekannten Berechnungsmethoden einen allgemeinen Charakter, da man mit ihr sowohl die verschiedenen Formen von Seilkonstruktionen als auch die verschiedenartigen Belastungen relativ einfach berücksichtigen kann.

Trotz der bekannten Vorteile hat die Methode der finiten Elemente auch einige Nachteile. Sie ist nämlich nur dann einfach anzuwenden, wenn

— die Elemente des Seilsystems geradlinig sind,
— die Vorspannung des Seilsystems a priori bekannt ist.

Andernfalls entstehen einige Schwierigkeiten, die man jedoch oft mit Hilfe einiger in diesem Kapitel vorgestellter Maßnahmen überwinden kann.

Es wird der Versuch unternommen, einige in der Baupraxis bei der Berechnung und Ausführung von Seilkonstruktionen auftretenden Probleme zu erläutern, wie z.B.:

— die numerische und praktische Realisierung des Vorspannungszustandes,
— der Einfluß der Stützkonstruktionssteifigkeit auf die Seilkräfte,
— die Berücksichtigung der krummlinigen Elemente,
— die Stabilität des Randträgers

Die obengenannten Probleme werden mit Hilfe von einigen Zahlenbeispielen erklärt.

## 4.2 Theoretische Grundlagen

Betrachten wir eine typische Seilnetzkonstruktion (Bild 4.1). Sie besteht aus Trag- und Spannseilen und aus einem Randträger. Der Randträger wird oft mit Hilfe von vertikalen oder schrägen Abspannseilen (Pfosten) gehalten.

Bei der Berechnung derartiger Konstruktionen mit Hilfe der Methode der finiten Elemente nimmt man am häufigsten folgende Voraussetzungen an:
— die Seilkonstruktion wird durch geradlinige Elemente mit konstantem Querschnitt approximiert,
— die Elemente des Seilnetzes (Seile) übertragen nur Normalzugkräfte; in den Elementen des Randträgers bestehen dagegen sechs Schnittgrößen,
— die äußere Belastung wirkt nur auf die Knoten der Konstruktion,
— es gilt ein lineares Materialgesetz.

Diese Grundvoraussetzungen erleichtern die Berechnung entscheidend, da sie ein Seilnetz als ein Stabsystem betrachten lassen. Trotzdem unterscheiden sich die Seilnetze z.B. wesentlich von Fachwerken. Erstens sind sie im allgemeinen statisch überbestimmt und geometrisch veränderlich, weil sie gegenüber den Fachwerken zu wenig Stäbe haben. Das in Bild 4.2a dargestellte einfache Seilsystem ist z.B. geometrisch veränderlich und das in Bild 4.2b geometrisch unveränderlich. Zweitens weisen die Seilkonstruktionen große, zur Belastung nichtlineare Kno-

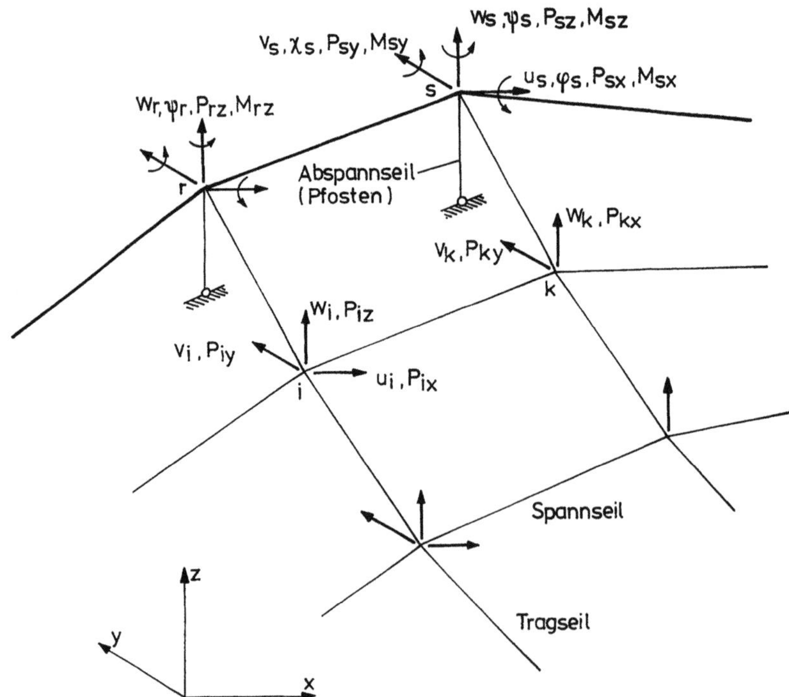


**Bild 4.1.** Fragment der Seilnetzkonstruktion mit Bezeichnungen

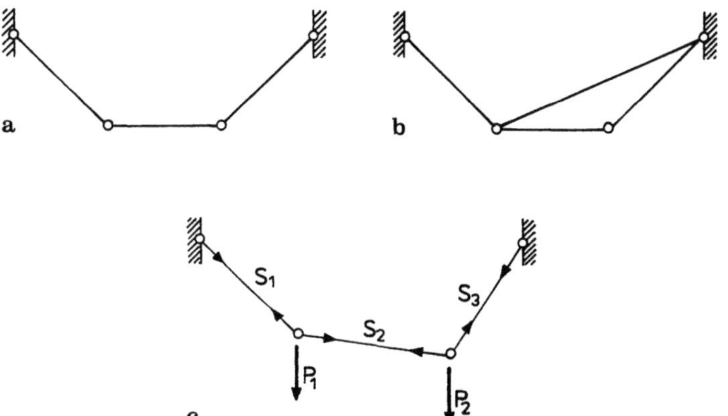



**Bild 4.2a – c.** Geometrische Veränderlichkeit einiger Systeme. **a** System geometrisch veränderlich; **b** und **c** Systeme geometrisch unveränderlich

tenverschiebungen auf. Die Lösung kann man hier also nicht in einem Schritt erhalten. Man geht dazu nach iterativen Berechnungsmethoden vor, die vorwiegend auf dem *Newton-Verfahren* basieren.

### 4.2.1 Steifigkeitsmatrix des Seilelements

Ein Seilsystem ist nur dann geometrisch veränderlich, wenn in den Elementen dieses Systems keine Zugkräfte vorhanden sind. Die Seilsysteme unter Belastung sind dagegen geometrisch unveränderlich. Das in Bild 4.2c dargestellte System ist z.B. geometrisch unveränderlich. Zugkräfte in den Elementen bewirken die geometrische Unveränderlichkeit des Seilsystems. Die Steifigkeitsmatrix des Elements muß also die Zugkraft im Element berücksichtigen. Aus diesem Grunde besteht die typische Steifigkeitsmatrix des Seilelements aus zwei Teilen:

$$k = k_E + k_G. \tag{4.1}$$

Die elastische Steifigkeitsmatrix $k_E$ berücksichtigt die Dehnsteifigkeit des Elements, und die geometrische Steifigkeitsmatrix $k_G$ berücksichtigt die Steifigkeit des Elements gegen Rotation.

Den Begriff der geometrischen Steifigkeit des Elements kann man mit Hilfe eines einfachen Modells erläutern (Bild 4.3). Das in Bild 4.3a dargestellte Element kann keine Last $P$ tragen; es ist geometrisch veränderlich. Dasselbe Element mit einer Zugkraft $S$ (Bild 4.3b) kann dagegen die Last $P$ tragen, da es geometrisch unveränderlich ist. Für die kleine Verschiebung $v$ muß in der Gleichgewichtslage die einfache Gleichung

$$P \cdot l = S \cdot v \tag{4.2}$$

erfüllt werden. Aus (4.2) erhält man

$$P = \frac{S}{l} v = k_G v. \tag{4.3}$$

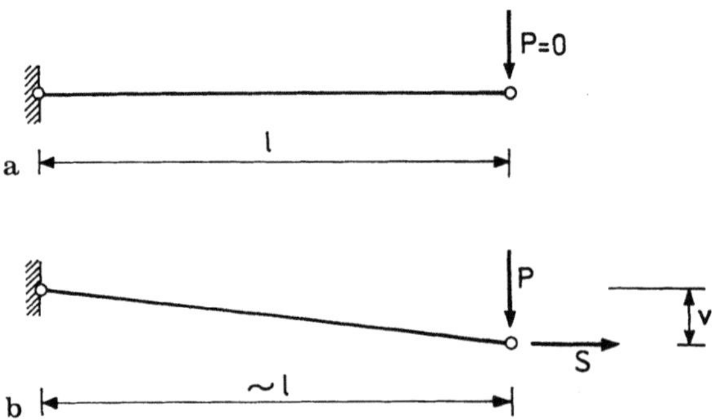

**Bild 4.3a–b.** Geometrische Steifigkeit des Elements. **a** Element ohne Zugkraft ($k_G = 0$); **b** Element mit Zugkraft $S (k_G \neq 0)$

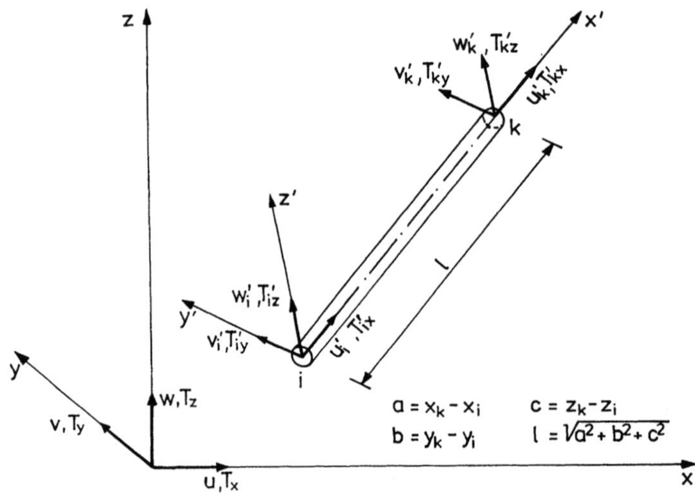

**Bild 4.4.** Seilelement mit Bezeichnungen

Den Ausdruck $S/l$ bezeichnet man als die geometrische Steifigkeit des Elements. Je größer diese Steifigkeit, desto steifer ist das Element gegenüber Rotation. Diese Aussage trifft auch auf die Seilsysteme zu. Je größer die Zugkräfte in den Elementen, desto steifer ist auch das Seilsystem. Die größere Vorspannung einer Seilkonstruktion verursacht bekanntlich ihre größere Steifigkeit.

Für das in Bild 4.3b dargestellte Element ist die geometrische Steifigkeit nur durch eine Zahl $S/l$ bezeichnet. Für ein beliebig im Raum orientiertes Element wird diese, ebenso wie die elastische Steifigkeit, durch entsprechende Matrizen bestimmt.

Die Beziehung zwischen den Knotenlasten und Knotenverschiebungen im beliebigen Seilelement (Bild 4.4), im lokalen kartesischen Koordinatensystem ($x'$, $y'$, $z'$), läßt sich in der folgenden Matrizenform darstellen:

$$k'\delta' = F' \tag{4.4}$$

mit

$$\delta' = \{u'_i \, v'_i \, w'_i \, u'_k \, v'_k \, w'_k\},$$

$$F' = \{T'_{ix} T'_{iy} T'_{iz} T'_{kx} T'_{ky} T'_{kz}\},$$

$$k' = k'_E + k'_G.$$

Die Steifigkeitsmatrizen $k'_E$ und $k'_G$ kann man z.B. aufgrund der in [14] enthaltenen Betrachtungen in folgender Form bilden [17]:

$$k'_E = \frac{EA}{l} \begin{bmatrix} 1 & 0 & 0 & -1 & 0 & 0 \\ 0 & 0 & 0 & 0 & 0 & 0 \\ 0 & 0 & 0 & 0 & 0 & 0 \\ -1 & 0 & 0 & 1 & 0 & 0 \\ 0 & 0 & 0 & 0 & 0 & 0 \\ 0 & 0 & 0 & 0 & 0 & 0 \end{bmatrix}, \tag{4.5}$$

$$k'_G = \frac{S}{l} \begin{bmatrix} 0 & 0 & 0 & 0 & 0 & 0 \\ 0 & 1 & 0 & 0 & -1 & 0 \\ 0 & 0 & 1 & 0 & 0 & -1 \\ 0 & 0 & 0 & 0 & 0 & 0 \\ 0 & -1 & 0 & 0 & 1 & 0 \\ 0 & 0 & -1 & 0 & 0 & 1 \end{bmatrix} \tag{4.6}$$

mit $EA = $ Dehnsteifigkeit des Elements und $S = -T'_{ix} = T'_{kx} = $ Zugkraft im Element.

Setzt man in (4.4) $u'_i = v'_i = w'_i = v'_k = 0$ ein, so erhält man für das in Bild 4.3b dargestellte Element sofort: $k'_E = k_E = \dfrac{EA}{l}$ und $k'_G = k_G = \dfrac{S}{l}$.

Die Beziehung zwischen den Knotenlasten und Knotenverschiebungen im betrachteten Element in einem gemeinsamen kartesischen Koordinatensystem ($x$, $y$, $z$) beträgt

$$k\delta = F \tag{4.7}$$

mit

$$\delta = \{u_i \, v_i \, w_i \, u_k \, v_k \, w_k\},$$

$$F = \{T_{ix} T_{iy} T_{iz} T_{kx} T_{ky} T_{kz}\},$$

$$k = k_E + k_G.$$

Die Steifigkeitsmatrizen $k_E$ und $k_G$ haben folgende bekannte Form [17]:

$$k_E = \frac{EA}{l} \begin{bmatrix} D & -D \\ -D & D \end{bmatrix}, \tag{4.8}$$

mit

$$D = \begin{bmatrix} \cos^2\alpha & \cos\alpha\cos\beta & \cos\alpha\cos\gamma \\ \cos\alpha\cos\beta & \cos^2\beta & \cos\beta\cos\gamma \\ \cos\alpha\cos\gamma & \cos\beta\cos\gamma & \cos^2\gamma \end{bmatrix} \tag{4.9}$$

und

$$k_G = \frac{S}{l} \begin{bmatrix} C & -C \\ -C & C \end{bmatrix} \qquad (4.10)$$

mit

$$C = \begin{bmatrix} 1-\cos^2\alpha & -\cos\alpha\cos\beta & -\cos\alpha\cos\gamma \\ -\cos\alpha\cos\beta & 1-\cos^2\beta & -\cos\beta\cos\gamma \\ -\cos\alpha\cos\gamma & -\cos\beta\cos\gamma & 1-\cos^2\gamma \end{bmatrix}. \qquad (4.11)$$

Die in (4.9) und (4.11) auftretenden Richtungskosinusse sind (vgl. Bild 4.4):

$$\cos\alpha = a/l, \quad \cos\beta = b/l, \quad \cos\gamma = c/l.$$

### 4.2.2 Steifigkeitsmatrix des Randträgers

Es sei in diesem Abschnitt die Steifigkeitsmatrix des Randträgers (Balkenelements) gegeben, die sowohl die Normaldruckkraft als auch den Effekt der Schubverformungen im Element berücksichtigt. Sie kann also bei der Untersuchung des Stabilitätsproblems aller räumlichen und auf Schub empfindlichen Stabkonstruktionen Anwendung finden.

Betrachten wir ein Balkenelement des Randträgers (Bild 4.5). Die Beziehung zwischen den Knotenlasten und Knotenverschiebungen in diesem Element in einem lokalen kartesischen Koordinatensystem $(x', y', z')$ kann man in Matrizen-

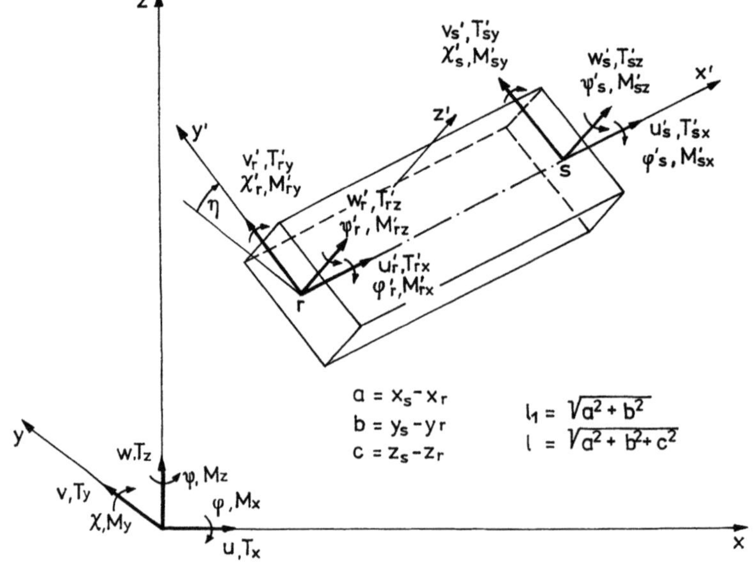


**Bild 4.5.** Balkenelement mit Bezeichnungen

form darstellen:

$$k'\delta' = F' \tag{4.12}$$

oder, unter Berücksichtigung der Untermatrizen,

$$\begin{bmatrix} k'_{rr} & k'_{rs} \\ k'_{sr} & k'_{ss} \end{bmatrix} \cdot \begin{Bmatrix} \delta'_r \\ \delta'_s \end{Bmatrix} = \begin{Bmatrix} F'_r \\ F'_s \end{Bmatrix}, \tag{4.13}$$

mit (vgl. Bild 4.5)

$$\delta'_r = \{u'_r\ v'_r\ w'_r\ \varphi'_r\ \chi'_r\ \psi'_r\},$$

$$\delta'_s = \{u'_s\ v'_s\ w'_s\ \varphi'_s\ \chi'_s\ \psi'_s\},$$

$$F'_r = \{T'_{rx}T'_{ry}T'_{rz}M'_{rx}M'_{ry}M'_{rz}],$$

$$F'_s = \{T'_{sx}T'_{sy}T'_{sz}M'_{sx}M'_{sy}M'_{sz}\}.$$

Die einzelnen Untermatrizen von (4.13) haben folgende Form [17, 18]:

$$k'_{rr} = \begin{bmatrix} \dfrac{EA}{l} & 0 & 0 & 0 & 0 & 0 \\[2mm] 0 & m\dfrac{EI_{z'}}{l^3} & 0 & 0 & 0 & n\dfrac{EI_{z'}}{l^2} \\[2mm] 0 & 0 & m\dfrac{EI_{y'}}{l^3} & 0 & -n\dfrac{EI_{y'}}{l^2} & 0 \\[2mm] 0 & 0 & 0 & \dfrac{GI_{x'}}{l} & 0 & 0 \\[2mm] 0 & 0 & -n\dfrac{EI_{y'}}{l^2} & 0 & p\dfrac{EI_{y'}}{l} & 0 \\[2mm] 0 & n\dfrac{EI_{z'}}{l^2} & 0 & 0 & 0 & p\dfrac{EI_{z'}}{l} \end{bmatrix} \tag{4.14}$$

$$k'_{rs} = (k'_{sr})^T = \begin{bmatrix} -\dfrac{EA}{l} & 0 & 0 & 0 & 0 & 0 \\[2mm] 0 & -m\dfrac{EI_{z'}}{l^3} & 0 & 0 & 0 & n\dfrac{EI_{z'}}{l^2} \\[2mm] 0 & 0 & -m\dfrac{EI_{y'}}{l^3} & 0 & -n\dfrac{EI_{y'}}{l^2} & 0 \\[2mm] 0 & 0 & 0 & -\dfrac{GI_{x'}}{l} & 0 & 0 \\[2mm] 0 & 0 & n\dfrac{EI_{y'}}{l^2} & 0 & q\dfrac{EI_{y'}}{l} & 0 \\[2mm] 0 & -n\dfrac{EI_{z'}}{l^2} & 0 & 0 & 0 & q\dfrac{EI_{z'}}{l} \end{bmatrix} \tag{4.15}$$

$$
k'_{ss} =
\begin{bmatrix}
\dfrac{EA}{l} & 0 & 0 & 0 & 0 & 0 \\[2ex]
0 & m\dfrac{EI_{z'}}{l^3} & 0 & 0 & 0 & -n\dfrac{EI_{z'}}{l^2} \\[2ex]
0 & 0 & m\dfrac{EI_{y'}}{l^3} & 0 & n\dfrac{EI_{y'}}{l^2} & 0 \\[2ex]
0 & 0 & 0 & \dfrac{GI_{x'}}{l} & 0 & 0 \\[2ex]
0 & 0 & n\dfrac{EI_{y'}}{l^2} & 0 & p\dfrac{EI_{y'}}{l} & 0 \\[2ex]
0 & -n\dfrac{EI_{z'}}{l^2} & 0 & 0 & 0 & p\dfrac{EI_{z'}}{l}
\end{bmatrix}
\tag{4.16}
$$

mit

$$m = \frac{\mu^2 \varepsilon^3 \sin \varepsilon}{2(1-\cos \varepsilon) - \mu\varepsilon \sin \varepsilon},$$

$$n = \frac{\mu\varepsilon^2 (1-\cos \varepsilon)}{2(1-\cos \varepsilon) - \mu\varepsilon \sin \varepsilon},$$

$$p = \frac{\varepsilon(\sin \varepsilon - \mu\varepsilon \cos \varepsilon)}{2(1-\cos \varepsilon) - \mu\varepsilon \sin \varepsilon},$$

$$q = \frac{\varepsilon(\mu\varepsilon - \sin \varepsilon)}{2(1-\cos \varepsilon) - \mu\varepsilon \sin \varepsilon},
\tag{4.17}$$

$$\varepsilon = l\sqrt{\frac{N}{\mu EI_{y'}}} \quad (\text{Biegung um die } y'\text{-Achse}),$$

$$\varepsilon = l\sqrt{\frac{N}{\mu EI_{z'}}} \quad (\text{Biegung um die } z'\text{-Achse}),$$

$$\mu = 1 - \frac{N}{GA_{sy'}} \quad (\text{Schub in Richtung } y'\text{-Achse}),$$

$$\mu = 1 - \frac{N}{GA_{sz'}} \quad (\text{Schub in Richtung } z'\text{-Achse}),$$

$N = $ Druckkraft im Element,

$GA_s = $ Schubsteifigkeit.

Der Koeffizient $\mu$ kann nur für auf Schub empfindliche Stäbe (z.B. Gitterstäbe) den Wert $\mu < 1$ haben. Für die prismatischen Stäbe kann man bekanntlich $\mu = 1$ annehmen. Im Sonderfall, d.h. für $\mu = 1$ und $N = 0$, erhält man $m = 12$, $n = 6$, $p = 4$ und $q = 2$.

Die Beziehung zwischen den Knotenlasten und Knotenverschiebungen im betrachteten Element, aber in einem gemeinsamen kartesischen Koordinatensystem $(x, y, z)$, beträgt

$$k\delta = F \tag{4.18}$$

oder

$$\begin{bmatrix} k_{rr} & k_{rs} \\ k_{sr} & k_{ss} \end{bmatrix} \begin{Bmatrix} \delta_r \\ \delta_s \end{Bmatrix} = \begin{Bmatrix} F_r \\ F_s \end{Bmatrix} \tag{4.19}$$

mit

$$\delta_r = \{u_r\ v_r\ w_r\ \varphi_r\ \chi_r\ \psi_r\},$$

$$\delta_s = \{u_s\ v_s\ w_s\ \varphi_s\ \chi_s\ \psi_s\},$$

$$F_r = \{T_{rx} T_{ry} T_{rz} M_{rx} M_{ry} M_{rz}\},$$

$$F_s = \{T_{sx} T_{sy} T_{sz} M_{sx} M_{sy} M_{sz}\}.$$

Den Zusammenhang zwischen Knotenlasten, Knotenverschiebungen und Steifigkeitsmatrizen in beiden Koordinatensystemen kann man in bekannter Form vorstellen:

$$\delta' = L\,\delta,$$

$$F' = L\,F \tag{4.20}$$

und

$$k = L^T \cdot k' \cdot L. \tag{4.21}$$

Die in (4.20) und (4.21) auftretende Transformationsmatrix $L$ ist von der Lage des Elements abhängig und berücksichtigt die Richtungskosinusse des betrachteten Elements; sie hat folgende Gestalt:

$$L = \begin{bmatrix} L_1 & 0 & 0 & 0 \\ 0 & L_1 & 0 & 0 \\ 0 & 0 & L_1 & 0 \\ 0 & 0 & 0 & L_1 \end{bmatrix} \tag{4.22}$$

mit [19]

$$L_1 = \begin{bmatrix} \cos\alpha & \cos\beta & \cos\gamma \\ \begin{matrix} -\cos\eta\,\cos\beta_1 \\ -\sin\eta\,\cos\alpha_1\,\cos\gamma \end{matrix} & \begin{matrix} \cos\eta\,\cos\alpha_1 \\ -\sin\eta\,\cos\beta_1\,\cos\gamma \end{matrix} & \sin\eta\,\cos\delta \\ \begin{matrix} \sin\eta\,\cos\beta_1 \\ -\cos\eta\,\cos\alpha_1\,\cos\gamma \end{matrix} & \begin{matrix} -\sin\eta\,\cos\alpha_1 \\ -\cos\eta\,\cos\beta_1\,\cos\gamma \end{matrix} & \cos\eta\,\cos\delta \end{bmatrix}, \tag{4.23}$$

wobei (Bild 4.5)

$$\cos\alpha = a/l, \quad \cos\beta = b/l, \quad \cos\gamma = c/l,$$

$$\cos\alpha_1 = a/l_1, \quad \cos\beta_1 = b/l_1, \quad \cos\delta = l_1/l$$

gilt.

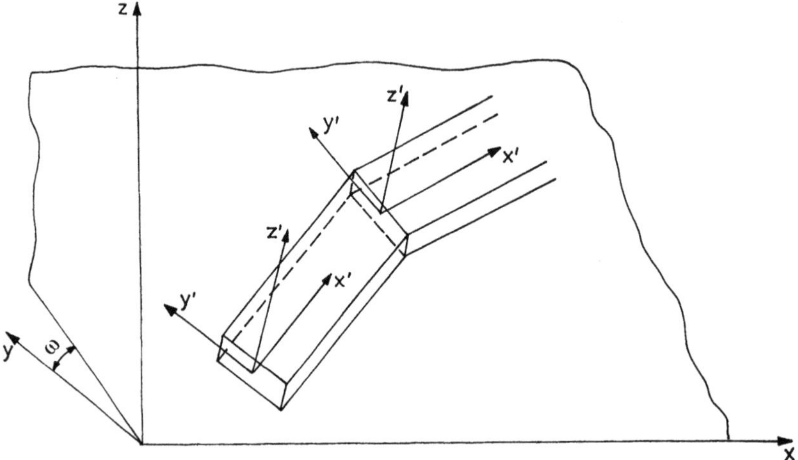



**Bild 4.6.** In einer Ebene liegende Balkenelemente

Der auf die Horizontalebene bezogene Drehwinkel $\eta$ ( Bild 4.5 ) bestimmt die Lage der Schwerpunkthauptachsen. Für den Rohrquerschnitt kann man $\eta = 0$ einsetzen.

Liegen die lokalen Achsen $x'$ und $y'$ aller Elemente in einer gemeinsamen Ebene, die einen Winkel $\omega$ mit der Horizontalebene bildet ( Bild 4.6), so nimmt die Transformationsmatrix $L_1$ eine einfachere Form an [19]:

$$L_1 = \begin{bmatrix} \cos\alpha & \cos\beta & \cos\gamma \\ -\cos\beta\cos\omega \\ -\cos\gamma\sin\omega & \cos\alpha\cos\omega & \cos\alpha\sin\omega \\ 0 & -\sin\omega & \cos\omega \end{bmatrix}. \qquad (4.24)$$

Die Transformationsmatrix nach (4.24) kann z.B. für einen in einer Ebene liegenden Bogen Anwendung finden.

## 4.3 Problematik der Berechnung von Seilnetzkonstruktionen

### 4.3.1 Ermittlung von Knotenverschiebungen

Sind die Steifigkeitsmatrizen der Elemente des Seilnetzes nach (4.8) und (4.10) und die Steifigkeitsmatrizen der Elemente des Randträgers nach (4.21) bekannt, so kann man leicht auf typische Weise die Gesamtsteifigkeitsmatrix $K$ der ganzen Seilnetzkonstruktion bilden. Die Knotenverschiebungen $\Delta$ der Seilnetzkonstruktion sind dann aus der Matrizengleichung

$$K\Delta = R \qquad (4.25)$$

zu bestimmen.

Der Spaltenvektor $\boldsymbol{R}$ in (4.25) berücksichtigt die äußere Knotenbelastung. Erfährt ein beliebiges Element $i-k$ eine Verkürzung $\Delta l$ und eine Temperatursenkung $\Delta t$, so wirken auf die Knoten dieses Elements die folgenden zusätzlichen Kräfte:

$$R_{ix} = -R_{kx} = \frac{EA}{l}\,(\Delta l + \alpha_t \Delta t l)\,\cos\alpha,$$

$$R_{iy} = -R_{ky} = \frac{EA}{l}\,(\Delta l + \alpha_t \Delta t l)\,\cos\beta,$$

$$R_{iz} = -R_{kz} = \frac{EA}{l}\,(\Delta l + \alpha_t \Delta t l)\,\cos\gamma. \tag{4.26}$$

Hierin bedeuten: $\alpha_t$ — Temperaturausdehnungskoeffizient, $\cos\alpha$, $\cos\beta$, $\cos\gamma$ — Richtungskosinusse des Elements.

Die zusätzliche Belastung nach (4.26) muß zur äußeren Belastung $\boldsymbol{R}$ addiert werden. Da in den Seilnetzen ein nichtlineares Verhältnis zwischen Belastung und Verschiebung besteht, kann man die Lösung mit Hilfe von (4.25) nicht in einem Schritt erhalten. Die Gleichung (4.25) gilt in nichtlinearen Systemen nur für kleine Verschiebungen $\Delta$, da die Gesamtsteifigkeitsmatrix $\boldsymbol{K}$ von der Geometrie des Systems abhängig ist. Aus diesem Grunde bezeichnet man $\boldsymbol{K}$ als die sogenannte tangentiale Steifigkeitsmatrix, da sie die Steifigkeit der Seilnetzkonstruktion in einer augenblicklichen Geometrie darstellt.

Die in der Praxis angewandten iterativen Lösungsmethoden von nichtlinearen Systemen basieren auf (4.25) weil sie zu vielfachen Lösungen der linearen Gleichungen führen. Für eine umfassende theoretische Darstellung dieser Methoden siehe [14, 16]. Wir beschränken uns hier nur auf die Erklärung der physikalischen Idee, auf der das in der Praxis oft angewandte iterative *Newton-Verfahren* beruht.

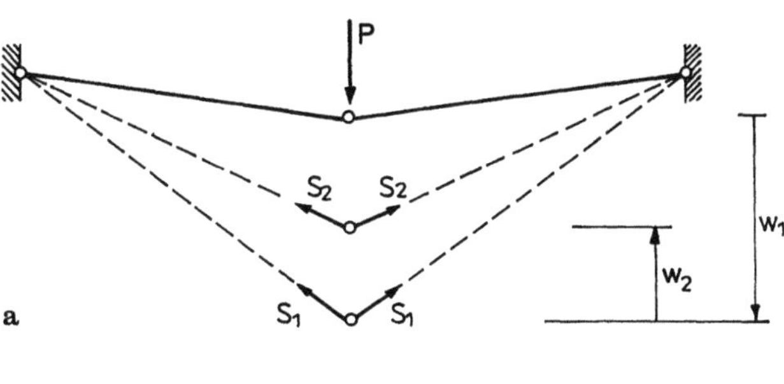


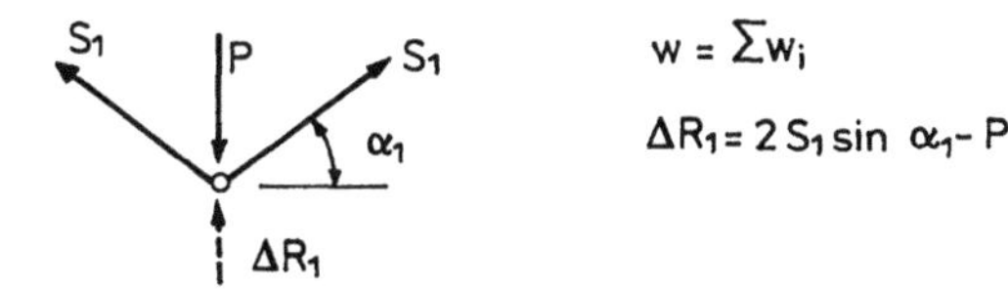


$$w = \sum w_i$$

$$\Delta R_1 = 2\,S_1 \sin\alpha_1 - P$$

**Bild 4.7a–b.** Graphische Darstellung einer iterativen Lösung. **a** System und Belastung; **b** Ungleichgewichtskraft $\Delta R_1$

Wir erläutern sie mit Hilfe eines einfachen Systems (Bild 4.7a). Die Verschiebung $w$ und die Zugkräfte in den Elementen dieses Systems sollen unter der Belastung $P$ berechnet werden. Im ersten Schritt lösen wir die lineare Gleichung

$$k_1 w_1 = P \tag{4.27}$$

und erhalten die Verschiebung $w_1$ (Bild 4.7a). Mit der Kenntnis dieser Verschiebung lassen sich die Verlängerungen der Seilelemente und damit auch die Zugkräfte $S_1$ in den Elementen leicht berechnen. Die Zugkräfte erfüllen die Gleichgewichtsbedingung im berechneten Zustand aber nicht, sondern nur im Ausgangszustand. Eine solche Aussage betrifft bekanntlich alle nichtlinearen Systeme. Die infolge der linearen Lösung bestimmten Schnittgrößen erfüllen die Gleichgewichtsbedingungen in der Ausgangsgeometrie des Systems.

Im berechneten Zustand entstehen die Ungleichgewichtskräfte, die nach der ersten Iteration (Bild 4.7b)

$$\Delta R_1 = 2S_1 \sin \alpha_1 - P \tag{4.28}$$

betragen.

Im zweiten Schritt bilden wir die Gesamtsteifigkeitsmatrix der im ersten Schritt gefundenen Geometrie, lösen wieder die lineare Gleichung

$$k_2 w_2 = \Delta R_1 \tag{4.29}$$

und erhalten die Verschiebung $w_2$ (Bild 4.7a).

Dieses Vorgehen wird solange fortgesetzt, bis die Gleichgewichtsgleichungen im berechneten Zustand mit einer vorausgesetzten Genauigkeit erfüllt sind. Die graphische Interpretation des Vefahrens ist in Bild 4.8 dargestellt.

Es ist auch möglich, die konstante Steifigkeitsmatrix entweder in allen oder in einigen Iterationsschritten zu verwenden (Bild 4.9). Der Nachteil dieses Verfah-

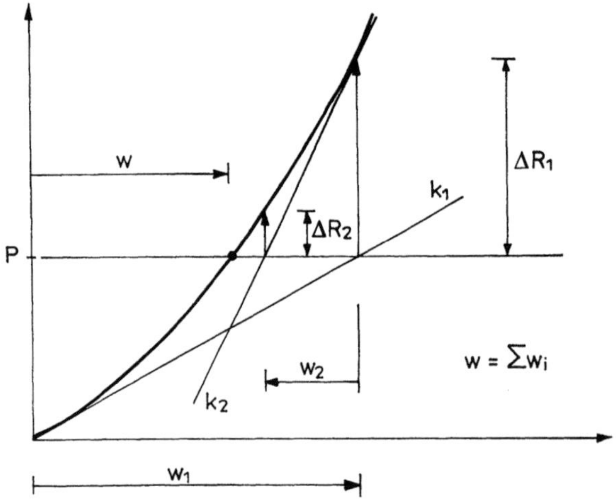


**Bild 4.8.** Graphische Interpretation des Verfahrens für veränderliche Steifigkeitsmatrix

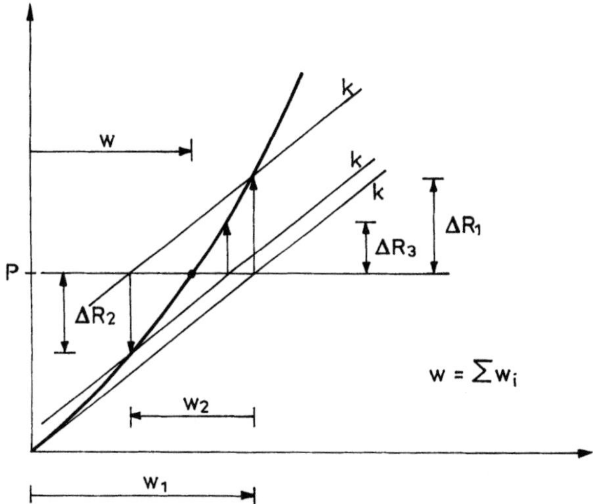



**Bild 4.9.** Graphische Interpretation des Verfahrens für konstante Steifigkeitsmatrix

rens besteht in einer schlechteren Konvergenz der Lösung; der Vorteil besteht darin, daß man die einmal gebildete Steifigkeitsmatrix im Computer speichern kann.

Das hier beschriebene Vorgehen für ein einfaches System mit einem Freiheitsgrad betrifft auch Seilkonstruktionen mit vielen Knoten und Elementen. Da der Randträger gegenüber dem Seilnetz relativ kleine Knotenverschiebungen aufweist, kann seine Geometrie oft in allen Iterationsschritten ohne Änderung bleiben.

Ist ein Seilnetz sehr flach oder ist die wirkende Belastung groß, so konvergiert der hier vorgestellte Iterationsprozeß langsam. Im Grenzfall kann er sogar zur Divergenz führen. Aus diesem Grunde verwendet man oft die sogenannte *inkrementale Prozedur*, in der die Belastung in einigen relativ kleinen Schritten angenommen wird.

Die Berechnung der Knotenverschiebungen einer Seilnetzkonstruktion stellt die schwierigste Aufgabe dar. Mit Hilfe der gefundenen Knotenverschiebungen unter Berücksichtigung der in den Abschn. 4.2.1 und 4.2.2 gegebenen Steifigkeitsmatrizen lassen sich die Schnittgrößen in allen Elementen leicht bestimmen.

### 4.3.2 Vorspannung der Seilnetzkonstruktion

Die Vorspannung hat vor allem die Aufgabe, die erwünschte Gestalt des Seilnetzes trotz der Wirkung verschiedener Belastungen (Eigengewicht, Schnee, Wind) aufrechtzuerhalten. Aus wirtschaftlichen Gründen darf die Vorspannung weder zu groß noch zu klein angenommen werden, damit bei zusätzlicher Belastung (z.B. Schnee) keine schlaffen Bereiche entstehen.

Die Vorspannung einer Seilnetzkonstruktion kann man auf verschiedene Weise verwirklichen, z.B. durch

a) Verkürzung der Spann- und/oder Tragseile,

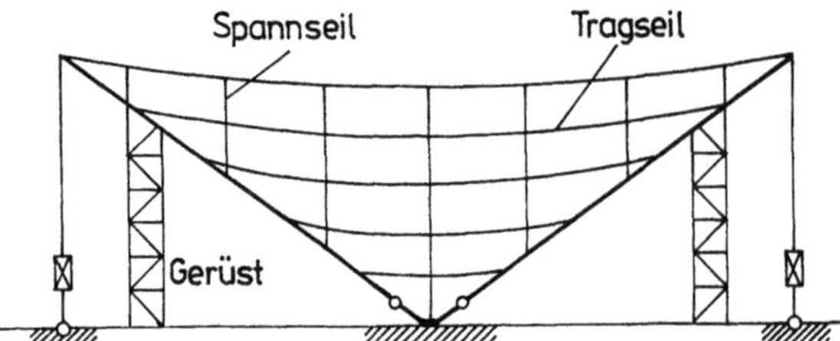


**Bild 4.10.** Vorspannung infolge Verkürzungen von Abspannseilen

b) Verkürzung der Abspannseile; diese Version ist nur dann effektiv, wenn der Randträger mit Gelenkauflagern versehen ist,

c) Vergrößerung des Randträgerumfangs; diese Version kann man mit Hilfe einer im Randträger eingebauten spreizbaren Vorrichtung verwirklichen.

Die Wahl der geeigneten Vorspannung hat einen großen Einfluß auf die Montagezeit und damit auf die Kosten. Aus diesem Grunde eignen sich die Methoden b) und c) nach Meinung des Verfassers am besten. Sie ermöglichen nämlich eine gleichzeitige und schnelle Vorspannung des ganzen Seilnetzes. Methode b) wurde bei der Überdachung des Amphitheaters in Köslin (Polen) angewendet. Diese in [20] beschriebene Seilnetzkonstruktion mit einer Spannweite von 102 m, und einer Abdeckungsoberfläche von 4 500 m² konnte innerhalb einiger Stunden durch Verkürzung der Seitenabspannseile vorgespannt werden.

Die interessante und sehr effektive Vorspannung mit Hilfe der Abspannseile erfolgt in drei Phasen. In der ersten liegt der Randträger auf einem Baugerüst (Bild 4.10). In diesem Zustand wird das ganze Seilnetz am Randträger angeschlossen. In der nächsten Phase wird das Gerüst beseitigt. Dadurch erfolgt eine Teilvorspannung, die durch das Eigengewicht des Randträgers hervorgerufen wird. Ist eine zusätzliche Vorspannung erforderlich, wird sie durch entsprechende Verkürzungen der Abspannseile realisiert. Dabei rufen die in Abspannseilen kleinen Zugkräfte relativ große Vorspannungskräfte im Seilnetz hervor. Diese Vorspannungsmethode kann man also mit Hilfe von einfachen Spannvorrichtungen verwirklichen.

Bei der numerischen Realisierung der Vorspannung muß selbstverständlich die in der Praxis vorgesehene Vorspannungsmethode berücksichtigt werden. Die Vorspannungsmethode a), d.h. die Verkürzung der Spann- und/oder Tragseile, läßt sich ohne Schwierigkeiten numerisch realisieren. Betragen die Verkürzungen der einzelnen Elemente in der Ausgangsgeometrie des Seilnetzes $\Delta l_i$, so entstehen in den Elementen (unter der augenblicklichen Voraussetzung, daß alle Knoten des Seilnetzes nichtverschiebbar sind) die Zugkräfte $S_i = EA\Delta l_i/l_i$. Diese Kräfte üben an den Seilknoten die Wirkungen nach (4.26) aus, die als äußere Belastung $R$ in (4.25) angenommen werden. Die geometrischen Steifigkeitsmatrizen der Elemente nach (4.10) berücksichtigen in diesem Zustand auch die Zugkräfte $S_i$. Da die Knotenverschiebungen bei der Vorspannung im allgemeinen kleine Werte aufweisen, läßt sich in diesem Fall die erwünschte Genauigkeit der Berechnung meist mit zwei oder drei Iterationsschritten erzielen.

Bemerkenswert ist, daß man auch einen guten numerischen Effekt der Vorspannung unter Anwendung einer Temperaturänderung erzielen kann. Eine

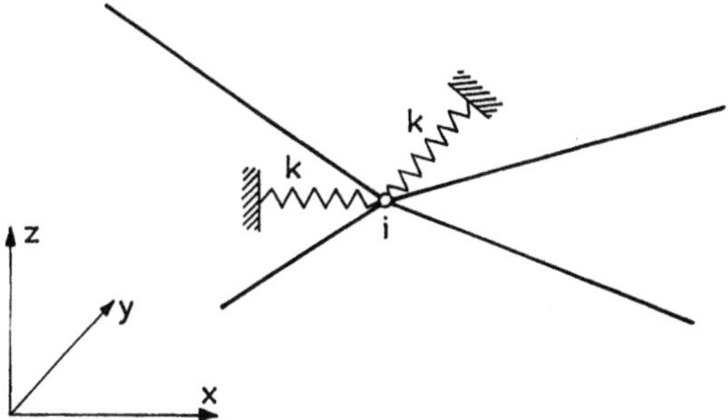



**Bild 4.11.** Fiktive Steifigkeiten $k$ des Seilnetzknotens

Temperatursenkung um $\Delta t$ ruft nämlich in den Seilnetzelementen die Anfangszugkräfte $S_i = EA\alpha_t\Delta t$ hervor, mit denen man die Knotenkräfte nach (4.26) leicht bestimmen kann. Diese Art der numerischen Realisierung der Vorspannung ist dadurch bequem, daß sie die Datenanzahl deutlich begrenzt und eine gleichmäßige Verteilung der Zugkräfte im Seilnetz hervorruft. Den auf diese Weise berechneten Vorspannungszustand kann man bei der Errichtung des Bauwerks durch Verkürzungen der Seile um $\alpha_t\Delta t l_i$ erzielen, wobei $l_i$ die Seillängen bezeichnen.

Bei der numerischen Realisierung der Vorspannungsvarianten b) und c) entstehen dagegen einige Probleme, da die Zugkräfte in allen Elementen des Seilnetzes am Anfang der Berechnung gleich Null sind. Das ganze Seilnetz ist in diesem Fall, wie schon in Abschn. 4.2 erwähnt wurde, geometrisch veränderlich, und das bedeutet, daß seine Gesamtsteifigkeitsmatrix singulär ist.

Jedoch kann auch in diesem Fall die Singularität der Gesamtsteifigkeitsmatrix relativ einfach vermieden werden, um die richtige Lösung zu erhalten. Eine der möglichen Methoden besteht darin, fiktive Steifigkeiten in die Seilnetzknoten einzuführen. Diese lassen sich wieder eliminieren und haben keinen Einfluß auf die Endergebnisse. So werden am Anfang der Berechnung in alle Knoten des Seilnetzes die horizontalen Stäbe (Federn) eingeführt (Bild 4.11). Die numerische Realisierung dieser vorübergehenden Versteifung ist sehr einfach und besteht darin, Federsteifigkeiten $k$, d.h. zusätzliche Zahlen, in die entsprechenden Stellen der Hauptdiagonale der Gesamtsteifigkeitsmatrix einzuführen. Die fiktiven Stäbe stören natürlich die Gleichgewichtslage der Konstruktion; sie müssen also eliminiert werden. Die Beseitigung der zusätzlichen Stäbe (der zusätzlichen Zahlen in der Gesamtsteifigkeitsmatrix) ist während der Iterationsschritte möglich. Mit den während des Iterationsprozesses gewonnenen Zugkräften in den Elementen lassen sich nämlich die geometrischen Steifigkeitsmatrizen nach (4.10) bilden und damit die Singularität der Gesamtsteifigkeitsmatrix beseitigen.

Es soll betont werden, daß die fiktiven Stäbe die Anfangsberechnung („Start" der Berechnung) einer geometrisch veränderlichen Seilkonstruktion ermöglichen, aber keinen Einfluß auf die Genauigkeit der Ergebnisse haben. Die steifen Stäbe verlängern nur die Berechnungszeit, die weichen Stäbe können dagegen die Beseitigung der Singularität der Gesamtsteifigkeitsmatrix nicht garantieren. Aus diesem Grunde soll nach der Erfahrung des Verfassers die Federsteifigkeit $k$

näherungsweise die Ungleichung

$$0{,}001\,\frac{EA}{l} \leqq k \leqq 0{,}01\,\frac{EA}{l} \tag{4.30}$$

erfüllen, wobei $\dfrac{EA}{l}$ die Steifigkeit des einzelnen Seilnetzelements ist.

Eine andere und sehr effektive Methode der Beseitigung der Singularität der Gesamtsteifigkeit besteht in der „Belastung" des Seilnetzes mit einer Temperatursenkung $\Delta t$. Die Temperatursenkung ruft in den Seilelementen die Zugkräfte $S_i$ hervor, mit denen sich die geometrischen Elementsteifigkeitsmatrizen auch bilden lassen. Um die richtigen Ergebnisse zu erhalten, muß man natürlich das Seilnetz während des Iterationsprozesses (oft schon in zweiter Iteration) mit Hilfe der Temperaturerhöhung $\Delta t$ entlasten.

Die beiden Methoden der Beseitigung der Singularität der Gesamtsteifigkeitsmatrix wurden vom Verfasser in [19] angewandt. Nach seiner Erfahrung führen die beschriebenen Verfahren bei geometrisch veränderlichen Seilsystemen zur richtigen Lösung.

### 4.3.3 Stabilität des Randträgers

Im Randträger sind fast immer große Druckkräfte vorhanden, die zu seiner Zerstörung (Knicken) führen können. Die z.B. in [21] enthaltenen Hinweise über die Knicklängen von Bögen können hier nicht genutzt werden. Sie liegen zwar für einen Randträger auf der sicheren Seite, würden aber zu einer sehr unwirtschaftlichen Projektierung der ganzen Seilnetzkonstruktion führen. Da zwischen dem Randträger und dem Seilnetz eine Kopplung besteht, soll das Stabilitätsproblem des Randträgers unter Berücksichtigung der ganzen Seilnetzkonstruktion untersucht werden. Dieses Problem kann man relativ einfach mit Hilfe der Methode der finiten Elemente lösen.

Mit dieser Methode kann man bekanntlich auf sehr einfache Weise die Verzweigungsbelastung bestimmen. Bei linearer Stabilität führt die Berechnung zur Lösung des Eigenwertproblems. Dieses kann jedoch nur dann ausgenutzt werden, wenn sich die Normaldruckkräfte in den Elementen proportional zu äußeren Lasten vergrößern.

Diese Eigenschaft tritt jedoch in den untersuchten Seilkonstruktionen höchstens näherungsweise auf, und zwar unter der Voraussetzung, daß die Knoten des Randträgers kleine Verschiebungen aufweisen. Erstens sind die Seilkräfte im allgemeinen nicht proportional zur äußeren Belastung und zweitens ändern sich die Richtungen der auf den Randträger wirkenden Kräfte. Eine sehr große Bedeutung für die Verteilung der Normalzugkräfte im Seilnetz hat auch die Verformung des Randträgers.

Alle genannten Ursachen beeinflussen eine nichtlineare Beziehung zwischen den Lasten und Normaldruckkräften im Randträger. Die Schnittgrößen im Randträger sollen also unter Berücksichtigung der aktuellen Belastungen bestimmt werden. Aus diesem Grunde eignet sich hier zur Lösung des Stabilitätspro-

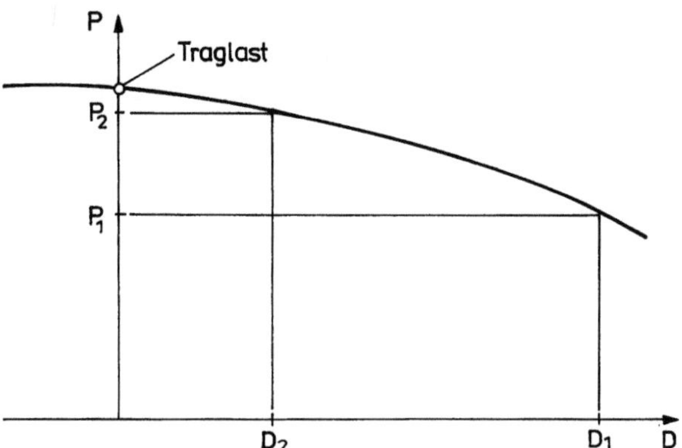



**Bild 4.12.** Beziehung zwischen Belastung ($P$) und Gesamtsteifigkeitsmatrixdeterminante ($D$)

blems die Methode, die den Determinantenwert der Gesamtsteifigkeitsmatrix $K$ untersucht.

Unter der Traglast, die zur Zerstörung der Konstruktion führt, verliert die Konstruktion ihre Steifigkeit und das bedeutet, daß die Determinante der Gesamtsteifigkeitsmatrix zu Null wird. Das Stabilitätskriterium kann man also in der Form

$$\det(K) = 0 \tag{4.31}$$

darstellen. Die Bestimmung der Traglast sollte mit Hilfe dieser Methode folgende Schritte umfassen:

1. Berechnung der Knotenverschiebungen und Schnittgrößen der ganzen Seilnetzkonstruktion für eine gegebene Belastung;
2. Bildung der Gesamtsteifigkeitsmatrix in der aktuellen Geometrie unter Berücksichtigung der gewonnenen Normalkräfte (Druckkräfte im Randträger und Zugkräfte im Seilnetz);
3. Berechnung der Gesamtsteifigkeitsmatrix-Determinante.

Ist der berechnete Determinantenwert positiv, so werden die oben vorgestellten Schritte wiederholt, jedoch unter der Annahme der vergrößerten Belastung. Nach einigen solchen Operationen erreicht die Matrixdeterminante den negativen Wert. Mit dem letzten positiven und dem negativen Wert der Determinante läßt sich die Traglast infolge der Interpolation leicht bestimmen. Der Zusammenhang zwischen äußerer Belastung ($P$) und dem Determinantenwert ($D$) wird in Bild 4.12 dargestellt.

### 4.3.4 Berücksichtigung von krummlinigen Elementen

#### 4.3.4.1 Allgemeines

Die statistischen Berechnungen von Seilkonstruktionen unter Anwendung der einfachsten geradlinigen Elemente haben eine beschränkte Brauchbarkeit. Diese

Elemente können ohne Vorbehalt nur in solchen Fällen gebraucht werden, in denen auf die Konstruktion als äußere Belastungen wirklich Knotenkräfte wirken. In vielen in der Baupraxis vorkommenden Fällen treten aber häufiger Streckenlasten (Interknotenlasten) auf.

Diese können auf verschiedene Weise in statischen Berechnungen berücksichtigt werden. Im einfachsten Fall wird die gekrümmte Seillinie durch eine größere Anzahl von kurzen geradlinigen Elementen approximiert. Man muß jedoch einige zusätzliche Knoten innerhalb des Seiles annehmen. Dieses Vorgehen ist aber unbequem und vor allem unökonomisch, da es zu einer wesentlichen Zunahme von Freiheitsgraden führt. Eine bessere Methode zur Lösung dieses Problems besteht in der Anwendung der Elemente höherer Ordnung [22]. Ein anderes Verfahren besteht darin, die nichtlineare Seilgleichung zu linearisieren und eine lineare Steifigkeitsmatrix zu benutzen [8].

Im vorliegenden Abschnitt wird noch ein anderes Verfahren der Berechnung von Seilsystemen unter Anwendung von krummlinigen Elementen vorgestellt [23, 24]. Die Idee des Verfahrens besteht darin, daß das ganze Seil mit den vorhandenen Belastungen als ein krummliniges Element betrachtet wird. Die nichtlineare Beziehung zwischen den Knotenverschiebungen und der Seilkraft wird hier ebenfalls linearisiert, aber nicht, indem die Seilgleichung in eine Taylor-Reihe entwickelt wird. Eine solche Entwicklung für beliebige Seilbelastungen könnte nämlich große Schwierigkeiten bereiten. Es wird hier einfach die Steifigkeit des Seiles in Richtung der Seilsehne vorausgesetzt. Die vorausgesetzten Steifigkeiten der Seile werden dann während des Iterationsprozesses modifiziert. Dadurch wird die Größe der Knotenverschiebungen und der Seilkräfte aus den vorhergegangenen Iterationsschritten berücksichtigt. Physikalisch betrachtet kann man dieses Verfahren als einen Ersatz des Seiles durch ein geradliniges Element mit einer veränderlichen Steifigkeit interpretieren. Dies erlaubt, sowohl die Steifigkeitsmatrix des geradlinigen Seilelements als auch den ganzen bekannten Algorithmus der Berechnung von Seilkonstruktionen mit geradlinigen Elementen auszunutzen. Es ist zu erwähnen, daß eine einfache Version dieses Verfahrens bei der Lösung des Beispiels 3.3 schon angewendet wurde.

### 4.3.4.2 Beschreibung des Verfahrens

Es sei ein Seil in einem Ausgangszustand gegeben (Bild 4.13a). Nach der Änderung einiger Bedingungen (Belastung, Knotenverschiebungen usw.) befindet sich das betrachtete Seil in einem anderen Zustand (Bild 4.13b). Es wird augenblicklich angenommen, daß die Seilkraftänderung $\Delta S = S - S_0$ bekannt ist. Unter dieser Annahme könnte man die Annahme der Seilsehnenlängen $\Delta l_s$ unmittelbar aus der entsprechenden Seilgleichung (Kap. 2) berechnen. Man kann sie jedoch auch auf dem iterativen Weg finden.

Zu diesem Zweck wird vorausgesetzt, daß die Dehnsteifigkeit des Seiles in Richtung der Seilsehne $k_1$ beträgt. Diese Steifigkeit kann man verhältnismäßig beliebig wählen oder einfach $k_1 = EA/l_s$ annehmen. Für die angenommene Steifigkeit erhält man (Bild 4.14)

$$\Delta l_{s1} = \frac{\Delta S}{k_1} \, . \tag{4.32}$$

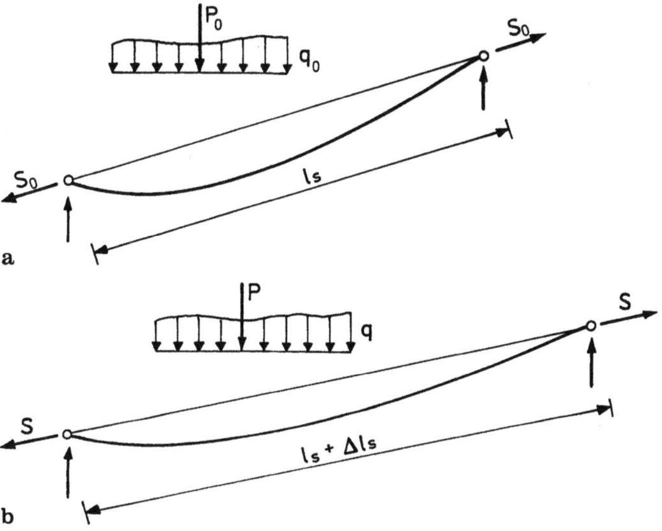


**Bild 4.13a–b.** Seil in zwei Zuständen. **a** Ausgangszustand; **b** Endzustand

Kennt man diese Verschiebung, läßt sich aus der entsprechenden Seilgleichung (je nach der Belastungsart) die Seilkraftänderung $\Delta S_1$ (Bild 4.14) berechnen. Auf dem zweiten Iterationsschritt wird eine modifizierte Steifigkeit des Seiles

$$k_2 = \frac{\Delta S_1}{\Delta l_{s1}} \tag{4.33}$$

angenommen. Die nächste Knotenverschiebung beträgt daher

$$\Delta l_{s2} = \frac{\Delta S}{k_2} . \tag{4.34}$$

Nach einigen solchen Iterationsschritten kann man eine Ersatz-Steifigkeit $k$ des Seiles finden, mit der sich die gesuchte Knotenverschiebung $\Delta l_s$ bestimmen läßt.

Dieses Verfahren der iterativen Bestimmung von Knotenverschiebungen läßt sich relativ einfach auf Seilsysteme erweitern. Nachstehend wird der Algorithmus zur Berechnung von Seilnetzen in seinen Grundzügen vorgestellt.

*Vorgehensweise*

1. Berechnung der Seilkräfte $S_0$ für alle Seile mit der Voraussetzung, daß die Knoten des Seilsystems unverschiebbar sind. Die Seilkräfte $S_0$ werden aus den entsprechenden Seilgleichungen (Kap. 2) unter Berücksichtigung der vorhandenen Belastungen bestimmt.
2. Annahme der Anfangssteifigkeiten $k_1$ von Seilen;
3. Bildung der Steifigkeitsmatrix des Gesamtsystems $[K]_1 = [K_E + K_G(S_0)]$.

Die Singularität der Gesamtsteifigkeitsmatrix kommt hier nicht infrage (sogar dann nicht, wenn keine Vorspannung vorhanden ist), weil die geometrischen

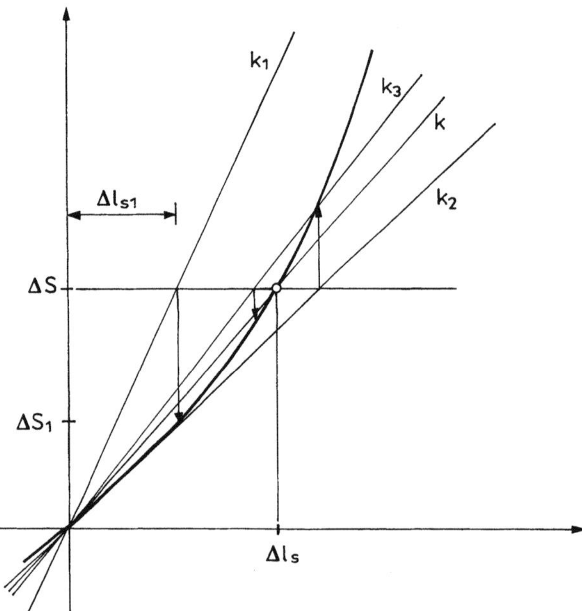


**Bild 4.14.** Graphische Darstellung des Verfahrens

Steifigkeitsmatrizen der Elemente die Zugkräfte berücksichtigen, die wenigstens durch das Eigengewicht des Seiles hervorgerufen werden.

4. Berechnung der Knotenverschiebungen $\Delta_1$ des Seilsystems aus der Gleichung

$$[K]_1 \{\Delta\}_1 = \{R\},$$

wobei $R$ sowohl die Knotenpunktbelastungen als auch die Rückwirkungen der Seile berücksichtigt.

Iterationsschritte:

1. Berechnung aus den entsprechenden Seilgleichungen der Seilkräfte $S$ in Anlehnung an die gefundenen Knotenverschiebungen (Seilsehnenlängen);
2. Modifikation der Steifigkeiten von Elementen in der $i$ten Iteration

$$k_i = \frac{\Delta S(\Delta l_{si-1})}{\Delta l_{si-1}} \ .$$

3. Bildung der Gesamtsteifigkeitsmatrix unter Berücksichtigung der in der vorhergegangenen Iteration berechneten Seilkräfte

$$[K]_i = [K_E + K_G(S_{i-1})];$$

4. Berechnung der Knotenverschiebungen

$$[K]_i \{\Delta\}_i = \{R\}_{i-1} \ .$$

Der in Hauptzügen vorgestellte Iterationsprozeß charakterisiert die vom Verfasser festgestellte gute Konvergenz. Die Iteration wird abgebrochen, wenn die gewünschte Berechnungsgenauigkeit erreicht ist.

## 4.4 Numerische Beispiele

In Anlehnung an die in diesem Kapitel vorgestellten theoretischen Grundlagen
wurde unter Berücksichtigung der besprochenen Problematik der Berechnung
von Seilnetzkonstruktionen ein Computerprogramm entwickelt. Mit Hilfe dieses
Programms wurden mehrere Zahlenbeispiele berechnet, von denen einige in
diesem Abschnitt vorgestellt werden.

### 4.4.1 Seilnetz ohne Vorspannung

Bild 4.15 zeigt ein Seilnetz. Die vertikalen Knotenkoordinaten sind für ein Viertel
des Seilnetzes in Tabelle 4.1 zusammengestellt. Das betrachtete Seilnetz ohne
Vorspannung soll die im Knoten 16 wirkende Belastung $P_x = 100\,\text{kN}$,
$P_y = 100\,\text{kN}$, $P_z = 150\,\text{kN}$ tragen. Die Knotenverschiebungen des Seilnetzes und
die Kräfte in den Seilelementen sind zu berechnen.

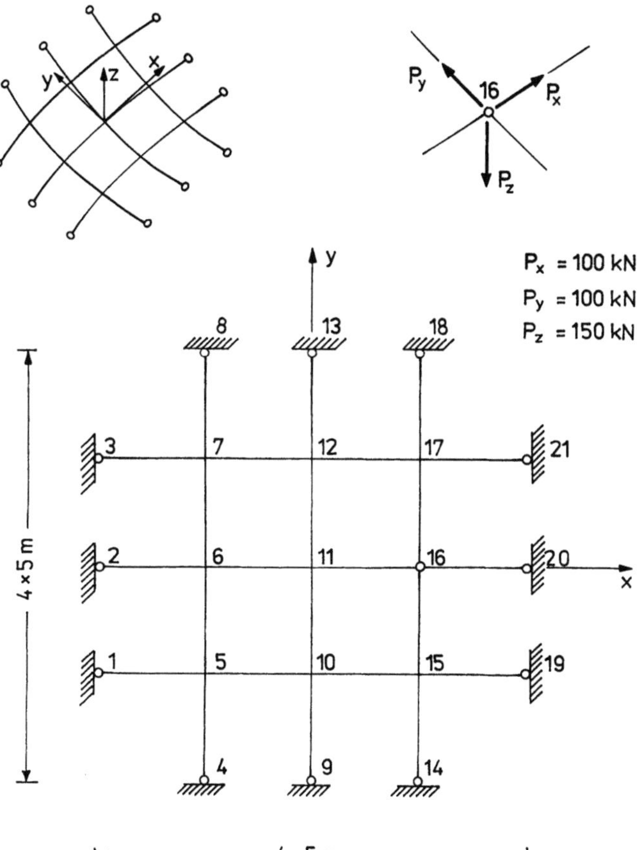


**Bild 4.15.** Übersicht, Belastung und Bezeichnungen des Seilnetzes ohne Vorspannung

Angenommene Dehnsteifigkeiten des Seilnetzes:
- $EA = 150\,000\,\text{kN}$ (Tragseile),
- $EA = 100\,000\,\text{kN}$ (Spannseile).

Da das Seilnetz keine Vorspannung hat, sind die geometrischen Steifigkeitsmatrizen aller Elemente nach (4.10) gleich Null. Das Seilnetz ist daher geometrisch veränderlich und seine Gesamtsteifigkeitsmatrix wäre in diesem Fall singulär.

Um die Singularität der Gesamtsteifigkeitsmatrix zu beseitigen und den Beginn der Berechnung zu ermöglichen, werden in alle Seilnetzknoten die fiktiven Steifigkeiten $k$ nach Bild 4.11 eingeführt. Diese lassen sich, wie schon in Abschn. 4.3.2 erwähnt wurde, während des Iterationsprozesses eliminieren und haben keinen Einfluß auf die Endergebnisse. Im betrachteten Beispiel wurde

**Tabelle 4.1.** Vertikale Knotenkoordinaten(m) des Seilnetzes

| Knoten | Koordinaten | Knoten | Koordinaten |
|---|---|---|---|
| 11 | 0,000 | 17 | 0,000 |
| 12 | 0,375 | 18 | 1,125 |
| 13 | 1,500 | 20 | −1,500 |
| 16 | −0,375 | 21 | −1,125 |

**Tabelle 4.2.** Knotenverschiebungen(m) des Seilnetzes

| Knoten | $\Delta x$ | $\Delta y$ | $\Delta z$ |
|---|---|---|---|
| 5 | 0,0082 | −0,0008 | −0,0179 |
| 6 | 0,0163 | −0,0006 | −0,0537 |
| 7 | 0,0061 | −0,0011 | −0,0093 |
| 10 | 0,0101 | 0,0053 | 0,0079 |
| 11 | 0,0237 | −0,0003 | −0,0974 |
| 12 | 0,0081 | −0,0066 | 0,0134 |
| 15 | 0,0202 | 0,0390 | 0,1036 |
| 16 | 0,0051 | 0,0038 | −0,3297 |
| 17 | 0,0169 | −0,0326 | 0,0894 |

**Tabelle 4.3.** Zugkräfte (kN) in einigen Elementen des Seilnetzes

| Element | Zugkraft | Element | Zugkraft |
|---|---|---|---|
| 1– 5 | 95,96 | 4– 5 | 92,38 |
| 10–15 | 93,78 | 6– 7 | 90,23 |
| 2– 6 | 103,72 | 10–11 | 99,79 |
| 6–11 | 101,98 | 12–13 | 102,05 |
| 11–16 | 103,09 | 14–15 | 483,86 |
| 16–20 | 0,00 | 15–16 | 481,86 |
| 7–12 | 89,90 | 16–17 | 380,46 |
| 17–21 | 94,31 | 17–18 | 382,47 |

angenommen, daß $k = 200\,\mathrm{kN/m}$ ist. Dieser Wert von $k$ erfüllt die Ungleichung (4.30).

Die Ergebnisse der Berechnung sind in Tabellen 4.2 und 4.3 angegeben. Die Berechnungszeit mit Hilfe eines Computers betrug 35 s. Das ganze Seilnetz wurde noch berechnet, aber unter Berücksichtigung größerer Federsteifigkeiten ($k = 200\,000\,\mathrm{kN/m}$). In diesem Fall betrug die Berechnungszeit bei derselben Genauigkeit um 40 s. Dieser Vergleich zeigt daß die vorgestellte Berechnungsmethode durch die Größe der Federsteifigkeit $k$ kaum beeinflußt wird.

Die in den Tabellen 4.2 und 4.3 angegebenen Ergebnisse wurden in [25] mit Hilfe einer anderen Berechnungsmethode bestätigt.

### 4.4.2 Seilbinder

Die in Kap. 3 vorgestellten Berechnungsmethoden für Seilbinder gelten nur für einige Sonderfälle. Man kann mit ihnen z.B. Seilbinder unter gleichmäßigen Belastungen berechnen, bei denen die Verformung der Stützkonstruktion vernachlässigt wird. Jetzt wird ein Seilbinder unter Berücksichtigung einer beliebigen Knotenbelastung berechnet. Aus den Ergebnissen werden wir einige praktische Schlüsse ziehen.

Betrachten wir den in Bild 4.16 dargestellten Seilbinder. Die vertikalen Knotenkoordinaten für die Hälfte des Seilbinders sind in Tabelle 4.4 zusammengestellt.

Angenommene Steifigkeitseigenschaften der Elemente:
- Tragseil und Abspannseile: $EA = 180\,000\,\mathrm{kN}$,
- Spannseil und die Hänger: $EA = 120\,000\,\mathrm{kN}$,
- Stiele: $EA = 1\,000\,000\,\mathrm{kN}$, $EI_x = 100\,000\,\mathrm{kN \cdot m^2}$,
  $EI_y = 300\,000\,\mathrm{kN\,m^2}$ (Biegung in der Seilbinderebene),
  $GI_z = 250\,000\,\mathrm{kN\,m^2}$ (Torsionssteifigkeit).

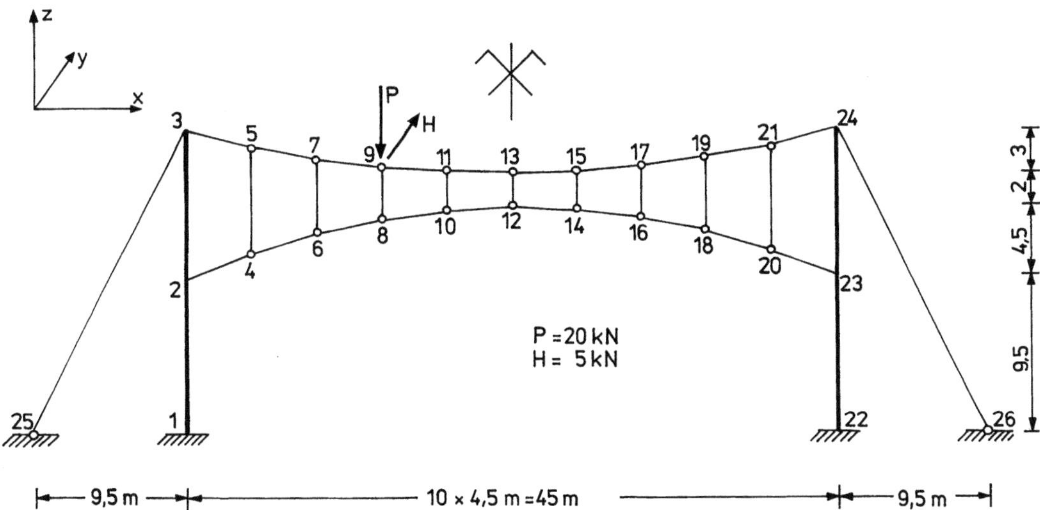


**Bild 4.16.** Seilbinder mit Bezeichnungen

**Tabelle 4.4.** Vertikale Knotenkoordinaten(m) des Seilbinders

| Knoten | Koordinaten | Knoten | Koordinaten |
|---|---|---|---|
| 1 | 0,00 | 8 | 13,28 |
| 2 | 9,50 | 9 | 16,48 |
| 3 | 19,00 | 10 | 13,82 |
| 4 | 11,12 | 11 | 16,12 |
| 5 | 17,92 | 12 | 14,00 |
| 6 | 12,38 | 13 | 16,00 |
| 7 | 17,08 | | |

**Tabelle 4.5.** Verschiebungen(m) einiger Knoten des Seilbinders

| Knoten | $\Delta x$ | $\Delta y$ | $\Delta z$ |
|---|---|---|---|
| 2 | 0,0075 | 0,0000 | $-0,0004$ |
| | 0,0153 | 0,0238 | $-0,0013$ |
| 3 | 0,0150 | 0,0000 | $-0,0009$ |
| | 0,0414 | 0,0766 | $-0,0029$ |
| 8 | $-0,0017$ | 0,0000 | 0,0232 |
| | 0,1314 | 0,1932 | $-0,4552$ |
| 9 | $-0,0006$ | 0,0000 | $-0,0768$ |
| | $-0,1069$ | 0,5779 | $-0,7120$ |
| 12 | 0,0000 | 0,0000 | 0,0164 |
| | 0,0817 | 0,2451 | 0,0393 |
| 13 | 0,0000 | 0,0000 | $-0,0835$ |
| | $-0,0932$ | 0,3899 | 0,0257 |
| 23 | $-0,0075$ | 0,0000 | $-0,0004$ |
| | $-0,0153$ | 0,0101 | $-0,0012$ |
| 24 | $-0,0150$ | 0,0000 | $-0,0009$ |
| | $-0,0407$ | 0,0321 | $-0,0026$ |

Die Vorspannung des Seilbinders wurde durch Verkürzung der Hänger durchgeführt. Und zwar wurde angenommen, daß alle Hänger gegenüber dem Ausgangszustand um $\Delta l = 0{,}1$ m kürzer werden. Die dadurch erfolgten Knotenverschiebungen und die Normalkräfte der Elemente sind in den Tabellen 4.5 und 4.6
angegeben (die Werte über dem Strich).

Aus den Ergebnissen in Tabelle 4.6 geht hervor, daß kleine Zugkräfte in den
Hängern relativ große Seilkräfte hervorrufen. Die Vorspannung der Seilbinder
durch Verkürzung der Hänger ist daher für die Baupraxis sehr vorteilhaft.

Der betrachtete Seilbinder wurde dann im Vorspannungszustand im Knoten 9
durch zwei Kräfte belastet (Bild 4.16). Die in der Ebene des Seilbinders wirkende
Kraft beträgt $P = 20$ kN, die senkrecht dazu wirkende Kraft beträgt $H = 5$ kN. Die
infolge von dieser Belastung erfolgten Knotenverschiebungen und Normalkräfte
der Elemente sind ebenfalls in den Tabellen 4.5 und 4.6 angegeben (die Werte

**Tabelle 4.6.** Normalkräfte (kN) in einigen Elementen des Seilbinders

| Element | Normalkraft | Element | Normalkraft |
|---|---|---|---|
| 1– 2 | $\dfrac{-44{,}65}{-180{,}92}$ | 18–19 | $\dfrac{1{,}10}{2{,}69}$ |
| 2– 4 | $\dfrac{14{,}66}{26{,}72}$ | 3– 5 | $\dfrac{20{,}78}{85{,}94}$ |
| 6– 8 | $\dfrac{14{,}00}{25{,}66}$ | 7– 9 | $\dfrac{20{,}31}{84{,}80}$ |
| 8–10 | $\dfrac{13{,}81}{25{,}66}$ | 9–11 | $\dfrac{20{,}16}{82{,}73}$ |
| 18–20 | $\dfrac{14{,}19}{27{,}38}$ | 17–19 | $\dfrac{20{,}31}{82{,}65}$ |
| 4– 5 | $\dfrac{1{,}29}{3{,}00}$ | 23–24 | $\dfrac{-49{,}72}{-182{,}25}$ |
| 8– 9 | $\dfrac{1{,}09}{0{,}00}$ | 3–25 | $\dfrac{49{,}94}{186{,}57}$ |

unter dem Strich). Die Knotenverschiebungen beziehen sich hier auf den Vorspannungszustand.

Um den Einfluß der Stützkonstruktionssteifigkeit auf die Berechnungsergebnisse nachzuweisen, wurde der betrachtete Seilbinder noch einmal unter der Annahme berechnet, daß seine Stiele unverformbar sind ( $EI = GI = \infty$ ). Die in diesem Fall erhaltenen Normalkräfte in den Elementen sind etwa fünfmal größer. Noch größere Unterschiede ergeben sich für die Biegemomente in den Stielen, da die Kraft in den Abspannseilen für unverformbare Stiele zu Null wird. Dieser Vergleich der Ergebnisse zeigt, daß die Knotenverschiebungen der Stützkonstruktion — obwohl sie scheinbar nicht groß sind ( vgl. Tabelle 4.5) — einen wesentlichen Einfluß auf das statische Verhalten der ganzen Konstruktion haben. Die Vernachlässigung dieses Einflusses führt im allgemeinen zu einer unwirtschaftlichen Projektierung von Seilbindern.

### 4.4.3 Seilnetz mit krummlinigen Elementen

In diesem Beispiel werden die Unterschiede zwischen den Berechnungsergebnissen für die Knotenkräfte und für die ihnen entsprechenden Streckenlasten betrachtet. Die erwähnten Unterschiede werden wir am Beispiel des in Bild 4.17 dargestellten Seilnetzes zeigen. Dieses Seilnetz wurde auch in [12] analysiert, jedoch nur unter Berücksichtigung der Knotenbelastung.

Die vertikalen Knotenkoordinaten für ein Viertel des Seilnetzes im Vorspannungszustand sind in Tabelle 4.7 zusammengestellt. ( Alle in [12] in englischen Einheiten angegebenen Daten wurden hier in SI-Einheiten umgerechnet ).

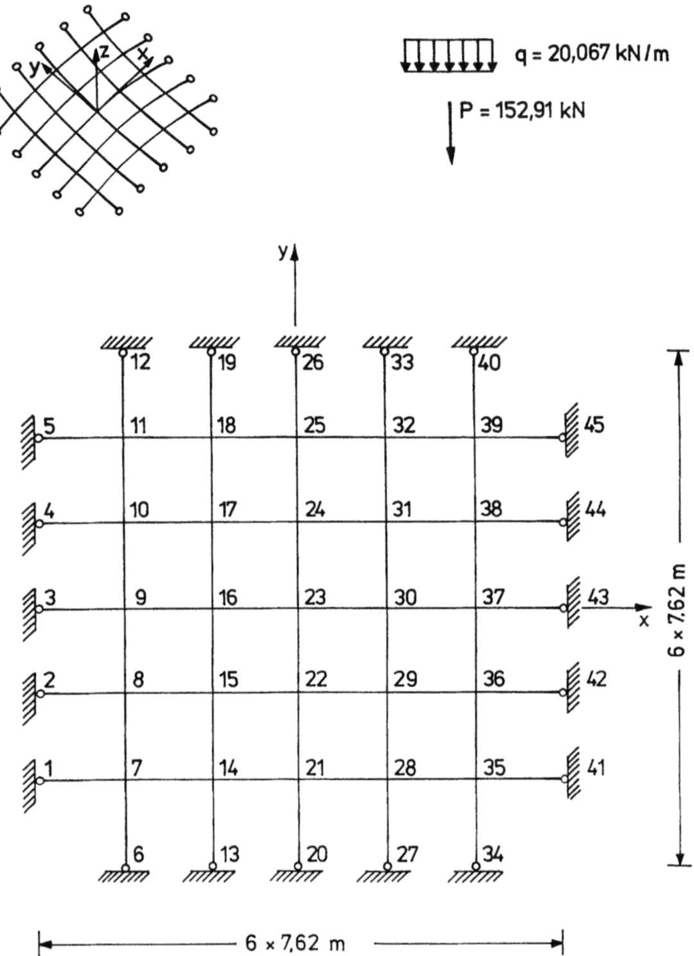



**Bild 4.17.** Übersicht, Belastung und Bezeichnungen des vorgespannten Seilnetzes

Angenommene Daten ( nach [12] ):
— Dehnsteifigkeit der Seile $EA = 146\,791{,}25$ kN;
— horizontale Komponenten der Seilkräfte im Vorspannungszustand $H = 1\,000{,}85$ kN;
— vertikale Belastung aller Knoten des Seilnetzes $P = 152{,}91$ kN.

Außer der in [12] analysierten Knotenbelastung wird hier noch die auf die Spannseile wirkende Streckenlast $q = 20{,}067$ kN/m betrachtet. Sie wurde so ausgewählt, daß die Resultante der auf ein Element wirkenden Streckenlast der angenommenen Knotenbelastung gleich ist ( $20{,}067 \times 7{,}62 = 152{,}91$ ). Die Knotenverschiebungen des Seilnetzes und die Zugkräfte in den Elementen sind für diese zwei Belastungsfälle in den Tabellen 4.8 und 4.9 angegeben. Die Werte über dem Strich entsprechen der Knotenbelastung, die unter dem Strich der Streckenlast.

**Tabelle 4.7.** Vertikale Knotenkoordinaten(m) des Seilnetzes

| Knoten | Koordinaten | Knoten | Koordinaten |
|---|---|---|---|
| 23 | 0,0000 | 37 | −1,3547 |
| 24 | 0,3387 | 38 | −1,0160 |
| 25 | 1,3547 | 39 | 0,0000 |
| 26 | 3,0480 | 40 | 1,6933 |
| 30 | −0,3387 | 43 | −3,0480 |
| 31 | 0,0000 | 44 | −2,7093 |
| 32 | 1,0160 | 45 | −1,6933 |
| 33 | 2,7093 | | |

**Tabelle 4.8.** Knotenverschiebungen(m) des Seilnetzes

| Knoten | $\Delta x$ | $\Delta y$ | $\Delta z$ |
|---|---|---|---|
| 23 | 0,0000 | 0,0000 | −0,6182 |
| | 0,0000 | 0,0000 | −0,7287 |
| 24 | 0,0000 | 0,0364 | −0,5616 |
| | 0,0000 | 0,0421 | −0,6540 |
| 25 | 0,0000 | 0,0495 | −0,3748 |
| | 0,0000 | 0,0550 | −0,4218 |
| 30 | −0,0345 | 0,0000 | −0,6048 |
| | −0,0387 | 0,0000 | −0,7034 |
| 31 | −0,0317 | 0,0355 | −0,5496 |
| | −0,0355 | 0,0407 | −0,6325 |
| 32 | −0,0222 | 0,0485 | −0,3673 |
| | −0,0245 | 0,0536 | −0,4105 |
| 37 | −0,0589 | 0,0000 | −0,5144 |
| | −0,0620 | 0,0000 | −0,5665 |
| 38 | −0,0544 | 0,0299 | −0,4680 |
| | −0,0575 | 0,0329 | −0,5137 |
| 39 | −0,0386 | 0,0413 | −0,3157 |
| | −0,0411 | 0,0448 | −0,3426 |

Die Berechnung für den Streckenlastfall wurde mit Hilfe der im Abschn. 4.3.4 vorgestellten krummlinigen Elemente durchgeführt. Die Zugkräfte in diesen Elementen werden auf die Seilsehne bezogen. Die Berechnungszeit durch Computer betrug:

— 45 s (geradlinige Elemente für die Knotenbelastung) bzw.
— 71 s (krummlinige Elemente für die Streckenlasten).

Aus den in den Tabellen 4.8 und 4.9 dargestellten Ergebnissen kann man folgern:

**1.** Es bestehen wesentliche Unterschiede zwischen den Ergebnissen für beide Lastfälle. Die größten Unterschiede betreffen die Zugkräfte in den Spannseilen.

**Tabelle 4.9.** Zugkräfte (kN) in einigen Elementen des Seilnetzes

| Element | Zugkraft | Element | Zugkraft |
|---|---|---|---|
| 23–30 | $\dfrac{324{,}94}{612{,}52}$ | 23–24 | $\dfrac{1752{,}88}{1881{,}71}$ |
| 37–43 | $\dfrac{325{,}30}{615{,}01}$ | 25–26 | $\dfrac{1814{,}93}{1951{,}58}$ |
| 31–38 | $\dfrac{379{,}70}{644{,}90}$ | 31–32 | $\dfrac{1754{,}93}{1873{,}20}$ |
| 25–32 | $\dfrac{568{,}16}{764{,}17}$ | 37–38 | $\dfrac{1619{,}48}{1681{,}99}$ |
| 39–45 | $\dfrac{568{,}78}{766{,}23}$ | 39–40 | $\dfrac{1677{,}11}{1745{,}22}$ |

Und zwar sind sie für den Streckenlastfall viel größer als für den Einzellastfall. Bei einer größeren Belastung oder einer kleineren Vorspannung wären diese Unterschiede noch größer. Eine genügend große Knotenbelastung kann nämlich zur vollständigen Entlastung der Spannseile führen. Für die Streckenlast dagegen erhält man immer positive Kräfte, sogar im Falle eines Seilnetzes ohne Vorspannung. Die besprochenen Unterschiede zwischen beiden Lastfällen sind für dichte Seilnetze jedoch viel kleiner.

2. Die Knotenverschiebungen des Seilnetzes sind im Falle von Streckenlasten auch größer als bei Einzellast. Diese Tatsache erklärt sich aus den größeren Zugkräften in den Elementen.

3. Elemente unter der Wirkung von Streckenlasten haben kleinere Dehnsteifigkeiten als geradlinige Elemente. Die Berücksichtigung dieser Tatsache kann die statische Berechnung von Seilkonstruktionen real machen.

Im vorliegenden Beispiel wurde auch die auf die Tragseile wirkende Streckenlast von $q = 20{,}067 \, \text{kN/m}$ berücksichtigt. Die für diesen Lastfall erhaltenen Ergebnisse decken sich praktisch mit den Ergebnissen für die Knotenbelastung. Daraus kann man folgenden für die Praxis wichtigen Schluß ziehen: Wirkt die Belastung direkt auf die Elemente der Tragseile, so kann man das Seilnetz unter Berücksichtigung der Ersatzknotenbelastung berechnen. Im Fall der auf die Spannseile wirkenden Streckenlasten ist dagegen eine solche Approximation nur dann möglich, wenn die Elemente der Spannseile verhältnismäßig kurz sind. Sonst muß das Bestehen der Seilkrümmung berücksichtigt werden.

Die Art der Belastung der Seilnetze ist in der Baupraxis noch aus einem anderen Grund wichtig. Die direkte Belastung der Tragseile verursacht nämlich eine verhältnismäßig schnelle Entlastung der Spannseile. Sie verlangt also immer eine Vorspannung des Seilnetzes. Bei der direkten Belastung der Spannseile sind die Zugkräfte dagegen in allen Elementen — sogar im Fall des Seilnetzes ohne Vorspannung — immer vorhanden. Selbstverständlich ist auch im letzten Fall die Vorspannung des Seilnetzes oft sehr zweckmäßig, aber sie kann hier kleiner sein. Die Berücksichtigung der obigen Probleme in der Baupraxis kann zu einer wirtschaftlicheren Projektierung von Seilnetzkonstruktionen beitragen.

### 4.4.4 Seilnetzkonstruktion mit verformbarem Randträger

Das folgende Beispiel beschreibt die in Bild 4.18 dargestellte Seilnetzkonstruktion. Sie besteht aus einem Stahl-Randträger mit vertikalen Abspannseilen und einem Seilnetz. Die Knotenkoordinaten der Konstruktion im Ausgangszustand (ohne Vorspannung) sind in Tabelle 4.10 zusammengestellt.

Angenommene Steifigkeitseigenschaften der Elemente:
— Randträger (Bild 4.18b):
   $EA = 3\,640\,000$ kN, $EI_{y'} = EI_{z'} = 23\,321$ kN $\cdot$ m$^2$, $GI_{x'} = 18\,000$ kN $\cdot$ m$^2$,

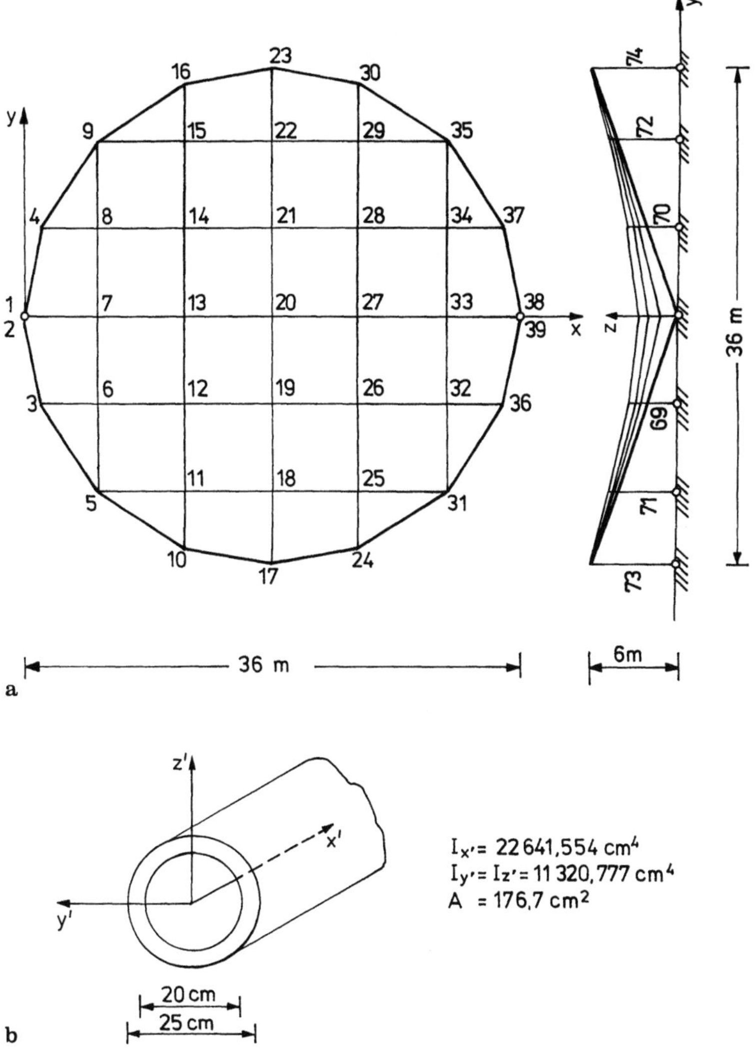


**Bild 4.18a—b.** Seilnetzkonstruktion. **a** Übersicht mit Bezeichnungen; **b** Querschnitt des Randträgers

**Tabelle 4.10.** Knotenkoordinaten(m) der Seilnetzkonstruktion

| Knoten | $x$ | $y$ | $z$ |
|---|---|---|---|
| 1 | 0,000 | 0,000 | 0,000 |
| 4 | 1,163 | 6,364 | 2,121 |
| 7 | 5,272 | 0,000 | 1,700 |
| 8 | 5,272 | 6,364 | 2,650 |
| 9 | 5,272 | 12,728 | 4,243 |
| 13 | 11,636 | 0,000 | 2,600 |
| 14 | 11,636 | 6,364 | 3,200 |
| 15 | 11,636 | 12,728 | 4,450 |
| 16 | 11,636 | 16,837 | 5,612 |
| 20 | 18,000 | 0,000 | 3,000 |
| 21 | 18,000 | 6,364 | 3,400 |
| 22 | 18,000 | 12,728 | 4,600 |
| 23 | 18,000 | 18,000 | 6,000 |

**Tabelle 4.11.** Verkürzungen(m) der Seite

| Seil | Verkürzung |
|---|---|
| 1–38, 17–23 | 0,12 |
| 3–36, 4–37, 10–16, 24–30 | 0,11 |
| 5–31, 9–35, 5–9, 31–35 | 0,08 |

—  Seilnetz und Abspannseile:
   $A = 10\,\mathrm{cm}^2$, $EA = 160\,000\,\mathrm{kN}$.

Die hier präsentierten Ergebnisse gelten für die Belastungen:
—  Vorspannung,
—  auf alle Seilnetzknoten wirkende vertikale Knotenkräfte $P = 40\,\mathrm{kN}$.

Die Vorspannung der Seilnetzkonstruktion wurde durch Verkürzung der Trag-
und Spannseile realisiert. Die angenommenen Verkürzungen der Seile sind in
Tabelle 4.11 angegeben.

Die in der Berechnung berücksichtigte Vorspannungsart ist in der Baupraxis
problemlos zu verwirklichen. Man braucht keine komplizierten Spannvorrichtungen in der Höhe. Es ist einfacher und kostengünstiger, alle Seile (unter
Berücksichtigung der in Tabelle 4.11 gegebenen Verkürzungen) am errichteten
Randträger zu montieren. Nach der Montage des Seilnetzes wird der Randträger
mit Hilfe von Abspannseilen bis zur vorgegebenen Höhe gesenkt. Diese Maßnah-
me gewährleistet eine gleichzeitige und schnelle Vorspannung der ganzen
Seilnetzkonstruktion.

Einige Ergebnisse für die besprochenen Belastungen sind in den Tabellen
4.12 – 4.14 zusammengestellt. Die Werte über dem Strich entsprechen dem
Vorspannungszustand, die unter dem Strich der äußeren Belastung $P = 40\,\mathrm{kN}$.
Die Verschiebungen für die äußere Belastung sind auf den Vorspannungszustand
bezogen. Die maximalen Biegemomente (Tabelle 4.14) berücksichtigen die

**Tabelle 4.12.** Einige Knotenverschiebungen(m) der Seilnetzkonstruktion

| Knoten | $\Delta x$ | $\Delta y$ | $\Delta z$ |
|---|---|---|---|
| 4 | 0,0466 | −0,0105 | 0,0002 |
|   | −0,0656 | 0,0112 | 0,0005 |
| 9 | 0,0310 | −0,0038 | 0,0018 |
|   | −0,0310 | −0,0121 | −0,0005 |
| 13 | −0,0124 | 0,0000 | 0,1560 |
|   | 0,0068 | 0,0000 | −0,1741 |
| 14 | 0,0051 | −0,0173 | 0,2683 |
|   | −0,0089 | 0,0283 | −0,3933 |
| 16 | −0,0019 | 0,0271 | 0,0493 |
|   | −0,0033 | −0,0512 | −0,0166 |
| 20 | 0,0000 | 0,0000 | 0,0553 |
|   | 0,0000 | 0,0000 | −0,2763 |
| 21 | 0,0000 | −0,0257 | 0,2829 |
|   | 0,0000 | 0,0233 | −0,4766 |
| 23 | 0,0000 | 0,0233 | 0,0031 |
|   | 0,0000 | −0,0785 | −0,0017 |

**Tabelle 4.13.** Normalkräfte (kN) in einigen Elementen der Seilnetzkonstruktion

| Element | Normalkraft | Element | Normalkraft |
|---|---|---|---|
| 1– 4 | − 890,75 | 7– 8 | 321,55 |
|   | −1293,62 |   | 426,09 |
| 16–23 | − 825,82 | 13–14 | 359,03 |
|   | −1271,81 |   | 546,12 |
| 2– 7 | 710,72 | 20–21 | 320,28 |
|   | 429,11 |   | 487,34 |
| 13–20 | 673,01 | 22–23 | 324,77 |
|   | 408,93 |   | 503,24 |
| 14–21 | 386,56 | 70 | 52,47 |
|   | 554,34 |   | 52,39 |
| 15–22 | 271,99 | 74 | 84,52 |
|   | 469,29 |   | 45,79. |

**Tabelle 4.14.** Maximale Biegemomente (kNm) in Randträgerelementen

| Element | 1 | 2 | 3 | 4 |
|---|---|---|---|---|
| Biegemoment | 36,15 | 52,60 | 105,71 | 121,12 |
|   | 29,72 | 52,26 | 85,19 | 111,40 |

Resultante der Momente $M_{y'}$ und $M_{z'}$. Die im Randträger auftretenden kleinen Torsionsmomente wurden hier vernachlässigt.

Bei der Berechnung der betrachteten Seilnetzkonstruktion wurde auch die Stabilität des Randträgers berücksichtigt. Für die gegebene Belastung $P = 40\,\text{kN}$ ist die Stabilität des Randträgers erfüllt. Das Randträckerknicken tritt hier erst für die Belastung $P = 67,64\,\text{kN}$ auf. Diese Belastung kann als die *elastische Traglast* bezeichnet werden.

Aus den vom Verfasser berechneten numerischen Beispielen unter Berücksichtigung verschiedener Parameter (einige von diesen Beispielen werden hier nicht vorgestellt) kann man folgende allgemeingültige Schlüsse ziehen.

1. Die mit Randträgern gekoppelten Seilnetze müssen unter Berücksichtigung der Randträgerverformungen berechnet werden. Bei Nichtberücksichtigung werden Seilnetz und Randträger unwirtschaftlich projektiert. Die in Bild 4.18 dargestellte Seilnetzkonstruktion wurde auch unter Vernachlässigung der Randträgerverformung berechnet. Dabei bestehen wesentliche Unterschiede zwischen den beiden Lösungen, d.h. mit verformbarem und unverformbarem Randträger. Für den unverformbaren Randträger z.B. waren

— die Knotenverschiebungen des Seilnetzes um mehr als die Hälfte kleiner,
— die Zugkräfte in den Seilelementen durchschnittlich um 50 % größer,
— die Biegemomente im Randträger etwa zehnmal größer.

Um diese sehr großen Biegemomente übertragen zu können, müßte man einen viel größeren Randquerschnitt wählen.

Bemerkenswert ist noch, daß die Zugkräfteverteilung im Seilnetz in beiden Fällen große Unterschiede aufweist. Ist der Randträger unverformbar, so sind z.B. die Zugkräfte in den Spannseilen infolge der Belastung immer kleiner als die im Vorspannungszustand. Im Fall des verformbaren Randträgers sind diese Kräfte dagegen sehr oft größer (vgl. Tabelle 4.13). Unter der äußeren Belastung hat der Randträger eine Tendenz zu der in Bild 4.19 dargestellten Verformung. Sie erklärt die Vergrößerung der Zugkräfte in den Spannseilen 4−37 und 9−35.

Man kann hier auch eine Rückkopplung zwischen dem Seilnetz und dem Randträger feststellen. Der erwähnte Kräftezuwachs in den Spannseilen be-

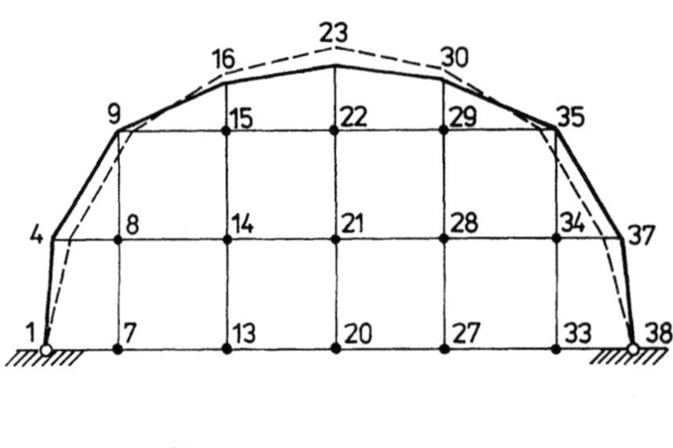


**Bild 4.19.** Verformung des Randträgers

schränkt nämlich die Knotenverschiebungen des Randträgers, und dieser Umstand eliminiert weitgehend die Biegemomentgrößen im Randträger. Man kann aus der vorgestellten Analyse einen für die Praxis wichtigen Schluß ziehen: Je kleiner die Steifigkeit des Randträgers, desto kleiner sind die Biegemomente im Randträger. Die Projektierung eines steifen Randträgers ist also unwirtschaftlich.

2. Die statische Berechnung von Seilnetzkonstruktionen unter Berücksichtigung der Druckkräfte in den Elementen des Randträgers ist auch aus wirtschaftlichen Gründen vorteilhaft. Die großen Druckkräfte im Randträger verursachen bekanntlich seine geringere Biegesteifigkeit, was in der Folge kleinere Biegemomente bewirkt. Die Berechnung der in Bild 4.18 dargestellten Seilnetzkonstruktion unter Vernachlässigung der Druckkräfte im Randträger verursachte etwa um 10 % größere Biegemomente.

3. Eine nur im Seilnetz stattfindende Temperaturänderung übt einen wesentlichen Einfluß auf das statische Verhalten der ganzen Seilnetzkonstruktion aus. Tritt die Temperaturänderung dagegen in der ganzen Konstruktion (darunter auch in den Randträgern) auf, so entstehen in diesem Fall kleine Kräfteänderungen. Die Randträgerverschiebungen infolge der Temperatur reduzieren nämlich die Kräfteänderungen im Seilnetz erheblich. Die Temperaturabnahme um 50 K in der ganzen betrachteten Seilnetzkonstruktion verursachte z.B. Zugkräftezuwächse im Seilnetz um durchschnittlich nur 5 bis 10 kN.

4. Die Zahl der Abspannseile übt auch einen großen Einfluß auf das statische Verhalten der betrachteten Seilnetzkonstruktion aus. Sie beeinflußt ebenfalls die Traglast der ganzen Konstruktion. So steigt z.B. bei der Annahme, daß jeder Randträgerknoten der in Bild 4.18 dargestellten Seilnetzkonstruktion mit einem Abspannseil festgehalten ist, die Traglast bedeutend und beträgt $P = 90{,}04$ kN. Eine vorteilhafte Wirkung der größeren Zahl von Abspannseilen (d.h. der elastischen Stützen des Randträgers) ist selbstverständlich. Die Anordnung der Abspannseile ist auch von Bedeutung. Schräge Abspannseile können hier oft günstiger sein.

5. Wirkt die äußere Belastung nur auf eine Hälfte der Seilnetzkonstruktion (linke oder rechte), so sind die Normalkräfte (im Seilnetz und im Randträger) kleiner als bei der Belastung der ganzen Konstruktion. Diese Art von Belastung ruft jedoch größere Biegemomente im Randträger hervor und soll damit in der beruflichen Praxis berücksichtigt werden.

# Literatur


1 PN−80/B−03200. Stahlkonstruktionen. Statische Berechnung und Projektierung (polnische Norm)

2 Hajduk, J.; Osiecki, J.: Seilsysteme. Theorie und Berechnung (polnisch) WNT, Warszawa 1970

3 Katschurin, W.K.: Theorie der Hängekonstruktionen (polnische Übersetzung aus dem Russischen). Arkady, Warszawa 1965

4 Nowacki, W.: Baumechanik (polnisch). PWN, Warszawa 1975

5 Pałkowski, Sz.: Praktische Methoden zur Berechnung von Seilsystemen (polnisch). Diss., TU Szczecin 1976

6 Petersen, Ch.: Statik und Stabilität der Baukonstruktionen. 2. Auflage, Vieweg & Sohn, Braunschweig/Wiesbaden 1982

7 Scheer, J.; Falke, J.: Iterative Berechnung von Seilabspannungen mit Hilfe des scheinbaren E-Moduls. Bauingenieur 57 (1982), 155−159

8 Scheer, J.; Peil, U.: Zur Berechnung von Tragwerken mit Seilabspannungen, insbesondere mit gekoppelten Seilabspannungen. Bauingenieur 59 (1984), 273−277

9 Pałkowski, Sz.: Beitrag zur statischen Berechnung von Seilkonstruktionen. Bautechnik 11/1985, 386−389

10 Bandel, H.K.: Das orthogonale Seilnetz hyperbolisch-parabolischer Form unter vertikalen Lastzuständen und Temperaturänderung. Bauingenieur 34 (1959), 394−401

11 Buchholdt, H.A.; McMillan, B.R.: Iterative methods for the solution of pretensioned cable structures and pinjointed assemblies having significant geometrical displacements. Pacific Symp, Part II on Tension Structures and Space Frames, Tokyo und Kyoto 1971, 306−316

12 West, H.H.; Kar, A.K.: Discretized initial-value analysis of cable nets. Int. J. Solids Struct., Vol. 9 (1973), 1 403−1 420

13 Haug, E.: Formermittlung von Netzen. Bautechnik 9/1971, 294−299

14 Argyris, J.H.; Scharpf, D.W.: Large deflection analysis of prestressed networks. J. Struct. Div. 98 (1972), 633−654

15 Angelopoulos, T.: Zur Formfindung und Dynamik von vorgespannten Netzwerkkonstruktionen. Diss., TU Stuttgart 1977

16 Scharpf, D.W.: Die Berechnung von vorgespannten Seilnetzkühltürmen. Bauingenieur 54 (1979), 449−458

17 Pałkowski, Sz.: Einige Probleme der statischen Analyse von Seilnetzkonstruktionen. Bauingenieur 59 (1984), 381−388

18 Pałkowski, Sz.: Die Grundlagen der Stabilität von Stabkonstruktionen (polnisch). WSI Koszalin 1984

19 Pałkowski, Sz.: Numerische Analyse von Seilsystemen (polnisch). WSI Koszalin 1980

20 Filipkowski, J.: Construction of suspended roof over open-air theatre in Koszalin. Proc. Instn Civ. Engrs, Part 1, London 1977

21 DIN 18 800, Teil 2, Stabilitätsfälle − Knicken von Stäben und Stabwerken. Entwurf März 1988

22 Argyris, J.H.; Dunne, P.C.; Haase, M.; Orkisz, J.: Higher order simplex elements for large strain analysis − natural approach. Comp. Meth. Appl. Mech. Eng., 16(1978), 369−403

23 Pałkowski, Sz.: Anwendung der krummlinigen Elemente zur Analyse von Seilsystemen (polnisch). Archiwum Inżynierii Lądowej, H. 1 (1984), 65–80
24 Pałkowski, Sz.: Statische Berechnung von Seilkonstruktionen mit krummlinigen Elementen. Bauingenieur 59 (1984), 137–140
25 Orkisz, J.; Stanuszek, M.: Anwendung der Elemente höherer Ordnung zur Analyse der finiten Verformungen von biegsamen Seilsystemen (polnisch). Archiwum Inżynierii Lądowej, H. 4 (1985), 423–445
26 Petersen, Ch.: Abgespannte Maste und Schornsteine. Bauingenieur-Praxis, H. 76, Ernst & Sohn, Berlin 1970

# Anhang

**Werte der Integrale** $\overset{l}{\underset{0}{\int}} Q^2 dx$

| Nr | Art der Belastung | $\int_0^l Q^2 dx$ |
|---|---|---|
| 1 | 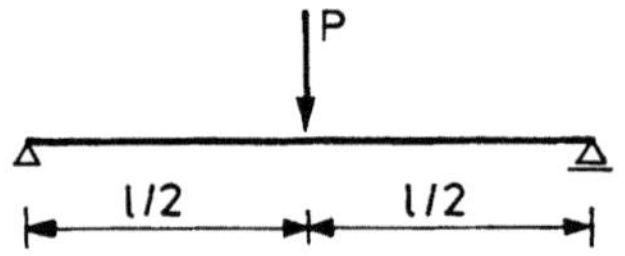 $P$ — $l/2 \;\;\; l/2$ | $\dfrac{P^2 l}{4}$ |
| 2 | 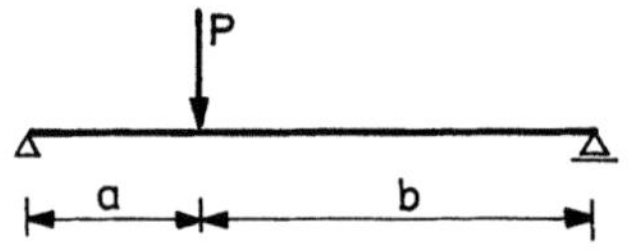 $P$ — $a \;\;\; b$ | $\dfrac{P^2 ab}{l}$ |
| 3 | 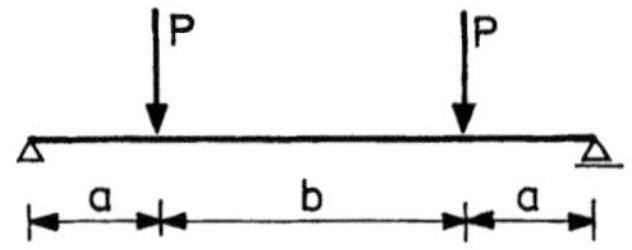 $P \quad P$ — $a \;\;\; b \;\;\; a$ | $2\,P^2 a$ |
| 4 | 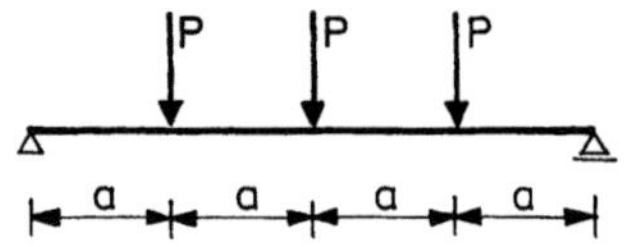 $P \quad P \quad P$ — $a \;\;\; a \;\;\; a \;\;\; a$ | $5\,P^2 a$ |
| 5 | 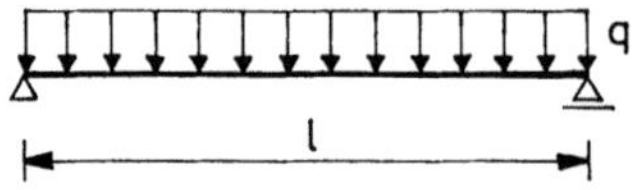 $q$ — $l$ | $\dfrac{q^2 l^3}{12}$ |
| 6 | 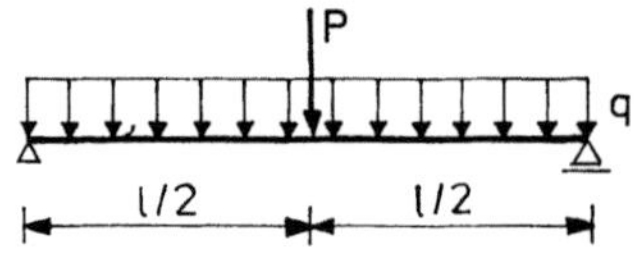 $q$, $P$ — $l/2 \;\;\; l/2$ | $\dfrac{q^2 l^3}{12} + \dfrac{P^2 l}{4} + \dfrac{Pql^2}{4}$ |

| Nr | Art der Belastung | $\int_0^l Q^2 dx$ |
|----|-------------------|-------------------|
| 7 | 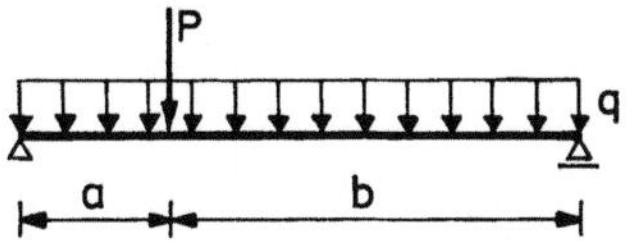 | $\dfrac{q^2 l^3}{12} + \dfrac{P^2 ab}{l} + Pqab$ |
| 8 | 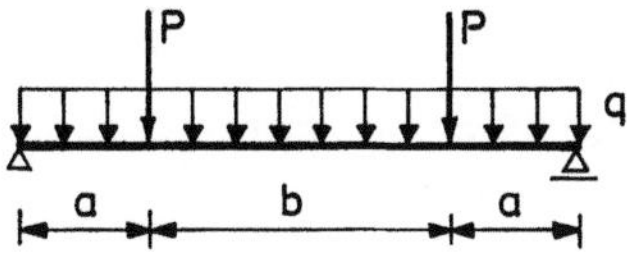 | $\dfrac{q^2 l^3}{12} + 2P^2 a + {} + 2\,Pqa\,(l-a)$ |
| 9 | 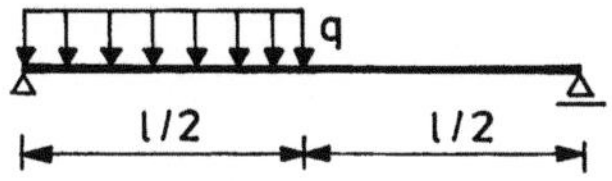 | $\dfrac{q^2 l^3}{38,4}$ |
| 10 | 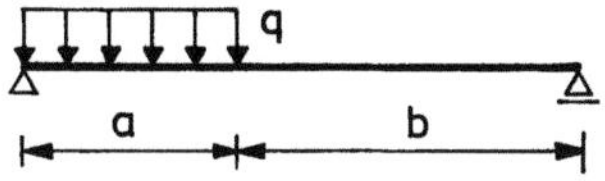 | $\dfrac{q^2 a^3}{12\,l}\,(4l-3a)$ |
| 11 | 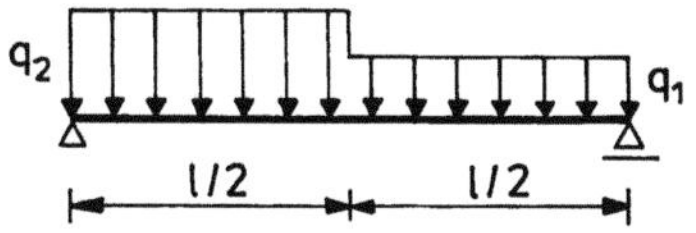 | $\dfrac{q_1^2 l^3}{12} + \dfrac{(q_2-q_1)^2}{38,4}\,l^3 + {} + \dfrac{q_2-q_1}{12}\cdot q_1 l^3$ |
| 12 | 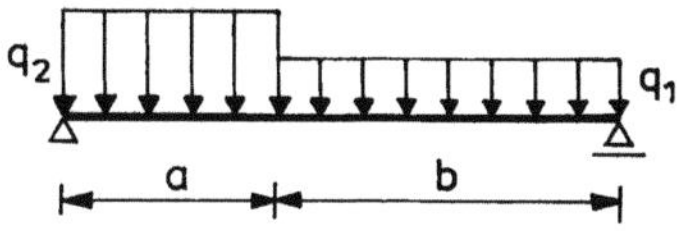 | $\dfrac{q_1^2 l^3}{12} + \dfrac{(q_2-q_1)^2}{12\,l}\,a^3\,(4l-3a) + {} + (q_2-q_1)\,q_1\,a^2\left(\dfrac{l}{2}-\dfrac{a}{3}\right)$ |
| 13 | 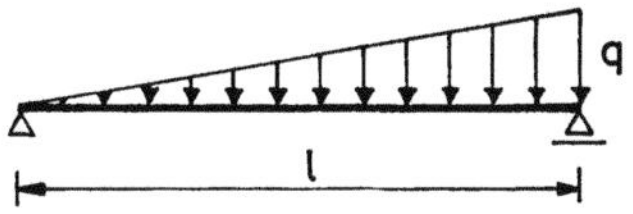 | $\dfrac{q^2 l^3}{45}$ |
| 14 | 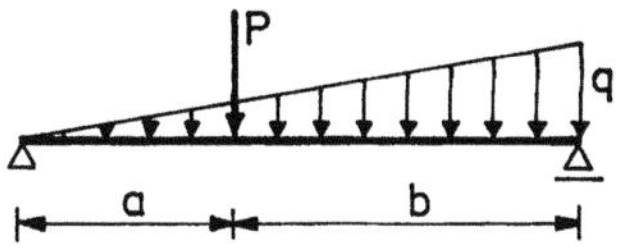 | $\dfrac{q^2 l^3}{45} + \dfrac{P^2 ab}{l} + {} + \dfrac{Pqal}{3}\left(1-\dfrac{a^2}{l^2}\right)$ |

| Nr | Art der Belastung | $\int_0^l Q^2 dx$ |
|----|-------------------|-------------------|
| 15 | $q_1$ … $q_2$, Länge $l$ | $\dfrac{q_1^2 l^3}{45} + \dfrac{q_2^2 l^3}{45} + \dfrac{q_1 q_2 l^3}{25.71}$ |
| 16 | $q_1$ … $q_2$, $P$, $a$, $b$ | $\dfrac{P^2 ab}{l} + \dfrac{q_1^2 l^3}{45} + \dfrac{q_2^2 l^3}{45} + \dfrac{q_1 q_2 l^3}{25.71} + 2q_1 Pab\left(\dfrac{1}{2} - \dfrac{a}{3l} - \dfrac{b}{6l}\right) + 2q_2 Pab\left(\dfrac{1}{2} - \dfrac{b}{3l} - \dfrac{a}{6l}\right)$ |
| 17 | $q$ … $q$, $l/2$, $l/2$ | $\dfrac{q^2 l^3}{80}$ |
| 18 | $q$, $l/2$, $l/2$ | $\dfrac{q^2 l^3}{30}$ |
| 19 | $q$ *), $l$ | $\dfrac{q^2 l^3}{23.66}$ |
| 20 | $q$ *), $l$ | $\dfrac{q^2 l^3}{112}$ |
| 21 | $q$ *), $l$ | $\dfrac{q^2 l^3}{18,53}$ |
| 22 | $q$ *) $q$, $l$ | $\dfrac{q^2 l^3}{252}$ |

*) Parabel 2. Grades

# Sachverzeichnis